机器视觉应用开发研究

陈 超 刘艳东 吴兆立◎主编

JIQI SHIJUE
YINGYONG
KAIFA YANJIU

哈尔滨出版社
HARBIN PUBLISHING HOUSE

图书在版编目（CIP）数据

机器视觉应用开发研究／陈超，刘艳东，吴兆立主编. -- 哈尔滨：哈尔滨出版社，2025.1
　　ISBN 978-7-5484-7884-3

Ⅰ.①机… Ⅱ.①陈… ②刘… ③吴… Ⅲ.①计算机视觉 Ⅳ.①TP302.7

中国国家版本馆 CIP 数据核字(2024)第 091134 号

书　　名：**机器视觉应用开发研究**
JIQI SHIJUE YINGYONG KAIFA YANJIU

作　　者：陈　超　刘艳东　吴兆立　主编
责任编辑：李金秋

出版发行：哈尔滨出版社（Harbin Publishing House）
社　　址：哈尔滨市香坊区泰山路 82-9 号　邮编：150090
经　　销：全国新华书店
印　　刷：北京鑫益晖印刷有限公司
网　　址：www.hrbcbs.com
E - mail：hrbcbs@ yeah.net
编辑版权热线：（0451）87900271　87900272
销售热线：（0451）87900202　87900203
开　　本：787mm×1092mm　1/16　印张：10.5　字数：183 千字
版　　次：2025 年 1 月第 1 版
印　　次：2025 年 1 月第 1 次印刷
书　　号：ISBN 978-7-5484-7884-3
定　　价：58.00 元

凡购本社图书发现印装错误，请与本社印制部联系调换。
服务热线：（0451）87900279

前　　言

　　人类通过眼、鼻、耳、舌、身接受来自外界的信息,进而感知世界,其中大约有75%的信息是通过视觉系统获取的,正如谚语所云,"百闻不如一见"。我们的视觉从周围事物环境中获取了一定的信息之后,会将其送入大脑,再由大脑根据知识与经验对信息进行推理与加工,最终对周围事物做出识别和理解并加以判断。机器视觉也可以称为工业视觉,作为人工智能正在快速发展的一个分支,其技术涉及计算机科学、图像处理、模式识别等诸多交叉学科。简单说来,机器视觉就是用计算机和相机等器件模拟人的视觉功能,将被拍摄目标转换成图像信号,传送给图像处理系统,得到被拍摄目标的形态信息,然后根据像素分布和亮度、颜色等信息,将其转变成数字信号;图像处理系统对这些数字信号进行各种运算来抽取目标的特征,进行处理并加以解读。机器视觉主要应用于产品检测如瑕疵检测、识别定位、精密测量、医学检测,以及人们无法工作的危险区域的机器人视觉引导等。机器视觉应用范围涵盖了工、农、医药、军事、航天、交通、安全生产、科教等国民经济的各个行业,加强对视觉技术的研究有助于促进社会各行业的进一步发展。

　　本书一共包括六个章节。第一、二章主要阐述了人工智能和机器学习的相关内容。第三章到第六章主要介绍了基于机器视觉的行人目标检测、跌倒检测、疲劳驾驶检测、施工现场人员行为安全检测、人脸表情研究、火灾检测、工业机器人目标定位及检测、情绪感知研究、安全帽检测等领域中的运用。

目　　录

第1章 绪 论

1.1 人工智能概述

人工智能（Artificial Intelligence, AI）作为新兴科学技术，致力于模拟、延伸乃至扩展人类的智能。其研究范畴广泛，涵盖了理论、方法、技术及应用系统等多个层面。在计算机科学领域中，人工智能占据了举足轻重的地位，并在机器人技术、经济政治决策支持、控制系统设计以及仿真系统构建等多个方面展现出强大的应用潜力。对于人工智能的定义，学界存在多种观点。尼尔逊教授将其视为"关于知识的学科"，着重强调知识的表示、获取与应用在人工智能中的重要性。而麻省理工学院的温斯顿教授则更加关注人工智能在模拟人类智能行为方面的作用，他认为人工智能是研究如何使计算机执行过去只有人类才能完成的智能任务的科学技术。这些观点虽然侧重点不同，但都揭示了人工智能学科的核心思想：探索人类智能活动的规律，构建具备一定智能水平的人工系统，并研究如何利用计算机软硬件模拟人类的某些智能行为。进入21世纪后，尽管科技领域涌现出众多新兴技术，但人工智能依然与基因工程、纳米科学等并列为当今世界的尖端技术。这得益于人工智能在过去几十年中的迅猛发展，其在众多领域中的广泛应用以及取得的显著成果都证明了这一点。如今，人工智能已逐渐发展成为一个独立的学科分支，在理论和实践层面都形成了完整的体系。

1.2 人工智能发展历史

自19世纪50年代中期至21世纪初，人工智能这一领域经历了曲折而丰富的发展历程，可概括为6个鲜明的阶段。在初始的起步发展期，即19世纪50年代中期至20世纪60年代初期，人工智能作为一个新兴概念被提出并迅速吸引了研究者的注意。这一时期的研究成果如机器定理证明和跳棋程序等,不仅展示了人工智能的潜力,也为其后续发展奠定了坚实的基础。这些成果的出现,标志着人工智能迎来了其发展的第一个高峰。而进入 20 世纪 60 年代初期至 70 年代初期,人们开始尝试更为复杂的任务,但随之而来的是一系列的挑战和失败,如机器无法证明某些复杂数学定理、机器翻译的准确性问题等。这些挫折使得人工智能的发展暂时陷入了低谷,也引发了研究者们对人工智能能力和发展路径的深入反思。

到了 20 世纪 70 年代初期至 80 年代中期,人工智能进入了应用发展期。这一时期的标志是专家系统的出现,这些系统能够模拟人类专家的知识和经验,解决特定领域的问题。专家系统在医疗、化学、地质等多个领域的应用取得了显著成功,不仅推动了人工智能从理论研究向实际应用的转变,也实现了从一般推理策略到专门知识应用的突破。

进入 20 世纪 90 年代中期至 21 世纪初期,随着网络技术特别是互联网技术的飞速发展,人工智能迎来了稳步发展期。自 2011 年至今,在大数据、云计算、互联网、物联网等信息技术的共同推动下,人工智能技术得到了飞速的发展。深度神经网络等技术的突破缩小了科学与应用之间的“技术鸿沟”,使得图像分类、语音识别、知识问答等领域实现了从“不能用、不好用”到“可以用”的技术跨越。人工智能在各个领域的应用也呈现出爆发式增长的态势,特别是在人脸识别、语音识别等领域,其影响已经深入人类生活的方方面面。

1.3　人工智能的重要概念

1.3.1　电脑游戏的智能代理

在探讨电脑游戏中的智能代理时,我们可以从两个不同的维度进行剖析。一方面,智能代理被设计为与人类玩家进行对抗,这在诸如棋牌等策略性游戏中尤为显著。在这种情境下,玩家本身构成了一个动态且多变的外部环境,智能代理则必须适应并响应玩家的各种操作。这些操作,对于智能代理而言,构成了其主要的信息输入源。智能代理的核心任务,便是基于这些输入信息,构建出有效的决策策略,并通过执行这些决策,以期在游戏中战胜玩家。这种对抗性的设计,不仅增强了游戏的挑战性,也在一定程度上推动了人工智能技术的发展。另一方面,智能代理还被广泛应用于充当游戏中的非玩家角色。在这种情境下,智能代理的主要目标并非与玩家对抗,而是增强游戏的真实感和可玩性。它们被设计成能够模拟出逼真的角色行为,与玩家进行有意义的互动,并为游戏世界增添丰富的动态元素。这种应用模式,不仅增强了游戏的沉浸感,也使得游戏世界更加生动和多元。

1.3.2 医疗诊断的智能代理

在医疗健康领域中,智能代理在医疗诊断方面的应用已成为一种新兴且极具潜力的技术趋势。此类智能代理专门负责接收并分析病人的各类检查结果,如血压、心率、体温等生理参数,这些数据构成了其进行诊断推理的基础信息源。智能代理通过运用先进的算法和模型,如深度学习、机器学习等,对这些生理数据进行深度解析和模式识别。在此过程中,它能够捕捉到数据之间的微妙关联和潜在趋势,进而对病人的健康状况进行全面而精准的评估。这种评估不仅包括对当前病情的判断,还可能涉及对病情发展趋势的预测。

完成数据分析后,智能代理会生成一份详尽的诊断报告,其中包含了它对病人病情的推测和建议。这份报告随后会被传输给医生,作为医生制订治疗方案的参考依据。医生在接收到报告后,会结合自己的专业知识和临床经验,对智能代理的诊断结果进行评估和验证。如果医生认为智能代理的诊断准确无误,他便会根据这份报告为病人制订个性化的治疗方案。在这个场景中,病人和医生共同构成了智能代理运行的外部环境。病人通过提供自己的生理数据,为智能代理的诊断提供了必要的输入;而医生则通过接收并应用智能代理的诊断结果,实现了对病人的有效治疗。这种人与技术的紧密结合,不仅提高了医疗诊断的准确性和效率,还优化了病人的治疗体验,推动了医疗健康领域的整体进步。值得注意的是,虽然智能代理在医疗诊断中展现出了显著的优势和潜力,但它仍然需要与人类医生紧密合作,共同为病人的健康负责。医生的专业知识和临床经验是智能代理无法替代的宝贵资源,而智能代理则可以为医生提供强大的数据支持和分析能力。因此,在未来的医疗健康领域中,智能代理与人类医生之间的合作将成为一种常态,共同推动医疗服务的升级和革新。

1.3.3　搜索引擎的智能代理

在探讨搜索引擎技术时,我们不得不提及搜索引擎智能代理这一关键技术。此类智能代理不仅与网络爬虫紧密合作,获取并处理海量的网页数据,还负责响应用户的搜索请求,提供精准且相关的搜索结果。具体而言,搜索引擎的智能代理接收来自网络爬虫抓取的网页数据。这些数据经过处理后,被有序地存储在数据库中。当用户输入搜索关键词或查询语句时,智能代理便迅速地从数据库中检索与之匹配的网页信息。这一过程并非简单的文字匹配,而是涉及复杂的算法和模型,如信息检索模型、排序算法等,以确保返回给用户的是最相关、最有价值的网页内容。从人工智能的角度来看,搜索引擎的智能代理实际上是一个典型的智能决策系统。它根据外部环境的输入——即网页数据和用户查询——做出决策,并通过返回搜索结果来影响外部环境。这种决策过程不仅要求智能代理具备强大的数据处理和分析能力,还需要它能够准确理解用户的搜索意图,并在海量的网页信息中迅速找到满足用户需求的内容。值得注意的是,搜索引擎的智能代理在设计和实现上往往采用了多种先进技术。例如,自然语言处理技术可以帮助智能代理更好地理解用户的查询意图;机器学习算法则能够不断优化搜索结果的排序和相关性;而大规模分布式处理技术则保证了搜索引擎能够处理海量的网页数据和用户请求。此外,随着技术的不断发展,搜索引擎的智能代理还在不断融入新的元素和功能。例如,个性化搜索、语义搜索、图像搜索等功能的加入,使得搜索引擎能够更好地满足用户多样化的搜索需求。同时,智能代理还在不断学习和进化,通过收集用户的反馈和行为数据,不断优化其搜索算法和模型,以提供更加精准、高效的搜索服务。

人工智能与外部环境特性相关的重要术语,常见的有以下几种:

1.完全可观测性和部分可观测性

完全可观测性是指智能代理在任何时刻都能获取到足以支持其做出最优决策的全部环境信息。以扑克牌游戏为例,若所有玩家的牌面均对智能代理公开,那么该环境即为完全可观测的。在这种情况下,智能代理无须依赖任何先前的信息或推测,便能根据当前完整的环境状态做出精确决策。这种完全透明的信息交互为智能代理提供了决策上的极大便利,但也对代理的信息处理能力和决策策略提出了更高的要求。然而,在更多实际情境中,智能代理往往面临的是部分可观测的环境。在这种环境中,代理仅能获知有限的环境因素,而必须依赖其内部存储的历史环境数据来辅助决策。以扑克牌游戏为例,当智能代理无法直接观测到其他玩家的牌面时,它就必须根据已出的牌和其他玩家的行为来推断其可能的牌面组合。这种基于不完全信息的决策过程要求智能代理具备一种内部记忆机制,以存储和更新关于环境的历史信息。

2.确定性与随机性

在确定性与随机性的探讨中,我们深入剖析了智能代理与其所处外部环境交互时的两种根本性质。确定性,顾名思义,指的是智能代理及外部环境的变化遵循可预测的模式。以棋类游戏为例,尽管在某一时刻,玩家有多种可能的下棋选择,但这些选择均受限于游戏规则,从而形成了一个有限且可预测的变化范围。这种变化范围的有界性,正是确定性的核心特征。在随机性的支配下,智能代理和外部环境的下一步变化是无法准确预测的。扑克牌游戏便是一个典型的随机性环境。在游戏中,玩家无法直接获知对手手中的牌面,也无法准确预测对手可能出的牌。这种信息的不完全性和变化的不确定性,使得扑克牌游戏充满了随机性。从学术的角度来看,确定性和随机性并不是孤立存在的,而是相互交织、共同影响着智能代理的决策过程。在确定性环境中,智能代理可以依赖已知的规则和有限的变化范围来制定精确的决策策略。然而,在随机性环境中,智能代理则必须学会如何在信息不完全和变化不确定的情况下做出最优决策。而且在确定性环境中,智能代理可以通过学习和优化来逐渐逼近最优决策。然而,在随机性环境中,智能代理则需要具备更强的适应性和鲁棒性,以应对不断变化的环境和不确定的决策结果。

3.离散性和连续性

离散性,从本质上讲,是指外部环境的变化仅在一组有限且可预期的结果或情况中进行选择。相对而言,连续性则描述了外部环境变化的一种更加流畅、无间断的特性。在连续性的环境中,变化不再局限于特定的点或情况,而是可以在一个连续的范围内自由发生。以投掷飞镖为例,飞镖的落点并不是固定在有限的几个位置,而是在整个镖靶上呈现出连续的分布。这种连续性使得智能代理难以通过简单的枚举或预测来应对环境的变化,而需要借助更加复杂的数学模型和算法来进行分析和决策。

4.温和性与对抗性

外部环境的变化性可依据其对智能代理任务完成的影响性质被分为温和性与对抗性。温和性外部环境,尽管其状态可能频繁波动且难以预测,但其本质并非旨在阻挠智能代理的任务执行。以天气为例,其多变性并非针对任何特定目标,因此可被视为温和性外部环境。相对地,对抗性外部环境则具有明确的阻挠意图,其变化往往直接针对智能代理的任务完成过程。在智能代理与人类对手的棋牌对弈场景中,人类对手的每一步行动都旨在挫败智能代理,从而构成了一个典型的对抗性外部环境。这两种环境类型的划分,对于理解智能代理如何适应不同环境并制定相应策略具有重要意义。

可以将如表1-1所示的智能代理面临的环境因素中的三种智能代理面临的环境因素进行对比。

表1-1 智能代理面临的环境因素

	部分可观测性	确定性	连续性	对抗性
跳棋				是
扑克牌游戏	是	是		
自动驾驶汽车	是	是	是	

1.4 人工智能应用领域

有位企业家曾说:"在未来二三十年内,人类将会进入一个完全智能化的社会。"这不仅是对未来的预测,更是对当下科技发展趋势的深刻洞察。全球范围内,企业和研究机构都在不遗余力地推动人工智能技术的研发和应用,使得智能产品的种类和数量呈现爆炸式增长。从家庭到物流,从工作到医疗,人工智能正逐渐渗透到人类生活的方方面面。自高尔顿在19世纪末提出利用人脸进行身份识别的概念以来,人脸识别技术经历了从基于几何结构特征的初步探索,到基于统计学习方法的蓬勃发展,再到当前深度学习技术的广泛应用。如今的人脸识别系统不仅能够实现高精度的身份识别,还能在复杂环境下进行鲁棒性识别,为安全监控、人机交互等领域提供了强有力的技术支持。与此同时,人类的面部表情作为传递情感信息的主要方式,一直是心理学、生理学等领域研究的热点。随着计算机视觉和机器学习技术的发展,面部表情识别技术逐渐从实验室走向实际应用。在人机交互、虚拟现实、智能机器人等领域,面部表情识别技术为提升用户体验、增强人机交互的自然性和智能性提供了重要支持。

随着全球糖尿病等慢性疾病的发病率不断攀升,医疗资源的紧张和诊疗效率的提升成为亟待解决的问题。人工智能技术在医疗辅助诊疗中的应用,不仅提高了诊断的准确性和效率,还为患者提供了更加个性化的治疗方案。特别是在糖尿病视网膜病变等疾病的早期检测中,人工智能算法能够通过处理大量的视网膜图像数据,快速准确地识别出病变迹象,为患者的及时治疗赢得了宝贵时间。值得一提的是,人工智能在医疗领域的应用不仅限于辅助诊疗。在药物研发、基因测序、健康管理等方面,人工智能也发挥着越来越重要的作用。通过深度学习和大数据分析技术,人工智能能够快速筛选出具有潜在疗效的药物候选物,为新药研发提供有力支持。同时,基于个人基因信息和生活习惯的健康管理方案,也为人们提供了更加科学、个性化的健康指导。

人工智能按应用层次,分为以下几个方面:

1.实际应用

人工智能的多元化实际应用涵盖了多个领域,展现了其技术的广泛性与深入性。在机器视觉方面,人工智能通过高级算法和图像处理技术,使机器能够解读和理解视觉信息,为工业自动化、质量检测等提供了强有力的支持。指纹识别、人脸识别、视网膜识别、虹膜识别以及掌纹识别等生物特征识别技术,则利用人工智能对个体独特生理特征进行高效准确的识别,广泛应用于身份验证、安全监控等领域。专家系统作为人工智能的重要分支,通过模拟专家知识和经验,实现了对复杂问题的智能解答和决策支持。自动规划和智能搜索技术则针对复杂问题求解,通过算法优化和搜索策略,提高了问题解决的效率和准确性。在定理证明和博弈领域,人工智能通过逻辑推理和策略学习,展现了与人类相当甚至超越人类的智能水平。自动程序设计技术利用人工智能自动生成和优化程序代码,提高了软件开发的效率和质量。智能控制技术则将人工智能应用于工业自动化、智能家居等领域,实现了对设备和系统的智能监控和调控。机器人学作为人工智能的重要应用领域之一,通过模拟人类行为和感知能力,实现了机器人的自主导航、物体识别和抓取等功能,为工业生产、救援等领域提供了有力支持。语言和图像理解技术使机器能够理解和处理自然语言和图像信息,为智能问答、机器翻译、图像检索等提供了便捷高效的解决方案。遗传编程技术则通过模拟生物进化过程,自动生成和优化程序代码,为解决复杂问题提供了新的思路和方法。这些多元化的实际应用不仅展现了人工智能技术的广泛性和深入性,也为推动社会进步和发展提供了强有力的支持。

2.涉及学科

人工智能作为一个跨学科的综合性领域,其研究范畴广泛涉及多个学科领域。从哲学和认知科学的角度,人工智能探讨智能的本质、意识的起源以及思维与知识表征的机制,这些深层次的探讨为人工智能提供了理论基础和认知模型。数学作为人工智能的基石之一,为其提供了严密的逻辑体系和算法基础。无论是概率统计、数理逻辑还是优化理论,都在人工智能的算法设计、模型训练与推理中发挥着至关重要的作用。神经生理学通过研究生物神经系统的结构和功能,为人工智能的神经网络模型提供了生物启发。这种仿生学的思路使得人工智能在模拟人脑处理信息、学习记忆等方面取得了重要突破。心理学则关注人类的感知、学习、记忆、思维等心理过程,为人工智能的用户体验设计、人机交互以及智能教育等提供了重要的指导原则。通过模拟人类的心理机制,人工智能能够更自然、更高效地与人类进行交互和合作。计算机科学作为人工智能的技术支撑,为其提供了强大的计算能力和数据存储技术。无论是云计算、大数据还是分布式处理,都在推动人工智能技术的不断发展和创新。

信息论关注信息的编码、传输和处理,而控制论则研究系统的稳定性、可控性和优化问题。这些理论在人工智能的系统设计、算法优化和决策支持中都发挥着重要作用。不定性论作为处理不确定性和模糊性的方法论,为人工智能处理复杂、动态和不确定环境提供了重要的思维工具。通过引入概率论、模糊逻辑等不定性处理方法,人工智能能够更好地应对现实世界中的复杂性和不确定性。

3.研究范畴

人工智能的研究领域极为广泛,涉及自然语言处理、知识表达、智能搜索、推理机制、规划策略、机器学习、知识获取途径、组合调度难题、感知问题解析、模式识别技术、逻辑程序设计、软计算方法、不精确与不确定性管理、人工生命探索、神经网络构建、复杂系统分析以及遗传算法研究等诸多方面。

人工智能的研究不仅深入各个学科领域,更在实际应用中展现出广阔的前景。随着技术的日臻成熟及社会对其认同度的逐渐提升,人工智能已开始渗透到生活的方方面面。在企业与住宅的安全管理领域,基于人脸识别技术的门禁与考勤系统、防盗门等应用,大大提高了安全防护的智能化水平。在身份认证方面,电子护照与电子身份证的研发与应用,不仅增强了身份验证的便捷性,也增强了身份信息的安全性。此外,在自助服务领域,如银行的自助办卡机与医院的自助挂号机等,人工智能的应用显著提升了服务效率与用户体验。在信息安全领域,人工智能同样发挥着不可替代的作用。随着电子商务与电子政务的普及,如何确保网络交易与审批流程的安全性成为亟待解决的问题。利用生物特征识别技术进行授权,可以实现数字信息与真实身份的统一,从而大幅提升电子商务与电子政务系统的安全性与可靠性。面对日益严峻的老龄化社会问题,人工智能也展现出了其独特的价值。随着空巢老人数量的增加,如何有效关爱老年人已成为社会关注的焦点。情绪感知技术可以帮助我们更深入地了解老年人的心理状态,为他们提供更加精准、个性化的关爱服务。目前,人工智能在某些领域的应用已经取得了显著的成果。例如,虹膜签到技术已广泛应用于身份认证场景;刷脸取款等应用也已在部分银行实现,为用户提供了更加便捷、安全的金融服务体验。这些实际应用案例不仅展示了人工智能技术的先进性,也预示着其在未来更多领域中的广阔应用前景。

1.5 人工智能相关技术

1.5.1 TensorFlow

TensorFlow 是一个基于数据流编程的符号数学系统,广泛应用于机器学习算法的编程实现。其起源可追溯至谷歌的神经网络算法库 DisBelief,经过演变与发展,TensorFlow 现已成为一个具备多层级结构、可灵活部署于各类服务器、个人电脑及网页端的强大平台。该平台支持利用图形处理器（GPU）和张量处理器（TPU）进行高性能数值计算，因而在谷歌内部产品开发及各领域科学研究中占据重要地位。

TensorFlow 的设计理念使其能够兼容多种编程语言，包括 C、C++、Java、JavaScript、Python、Go 及 Swift 等，从而满足了不同开发者的需求。在分布式环境中，TensorFlow 的核心组件包括分发中心、执行器和内核应用，三者相互协作以实现高效的计算和任务处理。具体来说，分发中心负责从数据流图中提取子图，并将其划分为操作片段，进而启动执行器进行处理。在处理过程中，分发中心会进行一系列预设的操作优化措施，如公共子表达式的消除和常量的折叠等，以提升计算效率和性能。

执行器则担负着在进程及设备中运行图操作的任务，并与其他执行器交换结果。在分布式 TensorFlow 中，参数器的核心功能是汇总和更新来自其他执行器的模型参数。通常情况下，执行器在调度本地设备时会利用并行计算和 GPU 加速技术以提升处理速度。内核应用作为 TensorFlow 的另一个重要组件，主要负责图操作的具体执行。

C 语言 API 在 TensorFlow 体系中扮演着至关重要的角色。它不仅是连接 TensorFlow 核心组件与用户程序的桥梁，还是实现与其他组件或 API 交互的关键接口。通过 C 语言 API，开发者可以更加灵活地控制 TensorFlow 的运行流程、访问底层数据结构和功能，以及与其他系统进行集成和扩展。这种设计使得 TensorFlow 成为一个开放且可扩展的平台，能够不断适应机器学习领域的发展和创新需求。

1.5.2　Keras

Keras 是一个深度学习库，它的构建基础源于 Theano 和 TensorFlow 这两大强大的机器学习框架。作为一个高层次的神经网络应用程序接口（API），Keras 的核心代码主要由 Python 语言实现，这使得它在语法上更易于理解和使用。Keras 支持多种后端，包括但不限于 TensorFlow、Theano 以及 CNTK，这种灵活性使得研究者可以根据项目需求选择合适的计算后端。Keras 的设计理念强调快速实验，它旨在将研究者的创新想法迅速且高效地转化为实际的模型结果。为了实现这一目标，Keras 提供了一系列高度模块化、简洁明了的 API，这些 API 不仅易于使用，而且具有很强的可扩充性。研究者可以根据需要轻松地定制和扩展模型,而无需深入到底层复杂的计算细节中。在设计原则上,Keras 注重用户友好性,力求提供一个直观、易上手的使用体验。同时,它也强调模块性,即将深度学习模型的各个组件抽象为独立的模块,这些模块可以灵活地组合和重用,从而极大提高了建模的效率。此外,Keras 还非常重视易扩展性,其 API 设计使得添加新功能或支持新模型变得相对简单。与 Python 的紧密集成是 Keras 的另一个显著特点。Python 作为一种功能强大且语法简洁的编程语言,在机器学习和数据处理领域具有广泛的应用。Keras 充分利用了 Python 的这些优势,通过简洁明了的 API 和丰富的文档,为研究者提供了一个高效、灵活的深度学习建模环境。这种与 Python 的协作性不仅降低了学习门槛,还有助于促进深度学习领域的创新和发展。

1.5.3 OpenCV

OpenCV 是一个基于 BSD 许可协议的跨平台计算机视觉软件库,具备在各种主流操作系统(如 Linux、Android、Windows 及 macOS)上运行的能力。其设计核心由一系列 C 函数及部分 C++类所组成,这种结构使得 OpenCV 在保持轻量级的同时,仍然能够实现高效的性能表现。此外,为了拓宽其应用范围,OpenCV 还提供了对 Ruby、Python、MATLAB 等多种编程语言的接口支持,从而方便用户在这些语言环境下进行图像处理及计算机视觉相关算法的实现。在功能层面,OpenCV 拥有超过 500 个跨平台的 C 函数,这些函数构成了其丰富且层次分明的中、高层API。这些 API 的设计精良,既能够充分利用外部库的功能提升,又不强制依赖这些外部库,从而确保了 OpenCV 的独立性和可移植性。值得一提的是,OpenCV 还采用了一种透明的接口设计策略,当存在针对特定处理器优化的 IPP 库时,OpenCV 能够在运行时自动加载并应用这些库,从而进一步提升了其运行效率和适应性。从性能和兼容性方面来看,OpenCV 的表现同样出色。其程序运行稳定,速度快,能够与其他各种库无缝兼容,这使得 OpenCV 在实际应用中具有广泛的适用性。同时,由于其对硬件的依赖性不强,OpenCV 在不同的硬件环境下都能够保持相对较低的资源消耗,这一特点在资源受限的场景下尤为重要。总的来说,OpenCV 凭借其优秀的设计理念和强大的功能性能,在计算机视觉领域占据了重要的地位。

1.5.4　Caffe 和 Caffe2

Caffe,全称为 Convolutional Architecture for Fast Feature Embedding,是深度学习领域中的一个重要框架,于 2013 年由加州大学伯克利分校的贾扬清博士公开发布于 GitHub 平台。该框架以 C++为核心语言,兼容命令行、Python 和 MATLAB 等多种接口,具备在中央处理器(CPU)或图形处理器(GPU)上灵活运行的能力,尤其是在视频和图像处理任务中表现出色。随着时间的推移,为了进一步优化和提升 Caffe 的性能,贾扬清博士于 2017 年领导并创建了 Caffe 的第 2 版——Caffe2。这一新版本框架在设计上更趋向于轻量化和模块化,有效地解决了原始 Caffe 中存在的一些遗留问题,如复杂的依赖关系管理等。Caffe2 的推出,不仅简化了深度学习模型的构建和训练过程,还为研究者和开发者提供了更为强大的工具支持。

在分布式训练方面,Caffe2 展现出了卓越的能力。它支持利用单台机器上的多个 GPU 或多台配备 GPU 的机器进行并行处理,从而显著加速了模型的训练速度。此外,Caffe2 还具备良好的跨平台兼容性,可以在 iOS 系统、Android 系统以及树莓派等设备上顺畅运行。这为移动设备和嵌入式系统上的深度学习应用提供了广阔的可能性。值得一提的是,Caffe2 中集成了丰富的预训练模型库(Model Zoo),这些经过优化的模型可以方便地被用户调用和部署。这一特性大大降低了深度学习应用的开发门槛,使得更多研究者和开发者能够快速地将先进的深度学习技术应用到实际场景中。总体而言,Caffe 和 Caffe2 的发展不仅推动了深度学习技术的进步,也为人工智能领域的发展注入了新的活力。

1.5.5　深度神经网络

人工神经网络,简称 ANN 或神经网络(NN),是一种受生物神经网络启发而构建的数学或计算模型,用于执行复杂的数据分析任务。其核心结构由三大层次组成:输入层、隐藏层和输出层。当神经网络仅含一个隐藏层,并且输出层未实施任何形式的变换时,该网络可被视为两层神经网络,其中输出层不被单独计算为一层。在神经网络的实践中,输入层的每一个神经元都与一个特定的特征相对应,这些特征构成了待分析数据的基础。输出层的神经元数量则与分类任务的标签数量直接相关。特别是在二分类问题中,若采用 Sigmoid 函数作为分类器,输出层仅需一个神经元即可完成任务;而若选择 Softmax 分类器,则需要两个神经元以处理二分类的输出。隐藏层在神经网络中扮演着关键角色,其层数以及每层神经元的数量均需根据具体任务进行人工设定。这些参数的选择对神经网络的性能具有深远影响,因此需要谨慎调整以达到最佳效果。隐藏层的设计旨在捕捉输入数据中的复杂模式,并通过逐层传递的方式将这些模式转化为对输出结果的预测。

基本三层神经网络如图 1-1 所示。

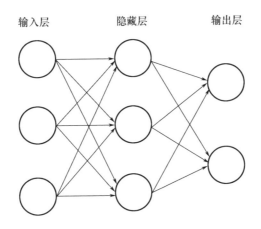

输入层　　　　隐藏层　　　　输出层

图 1-1　基本三层神经网络

神经网络实质上是一种具备普适性的函数逼近工具,因而它在处理从输入到输出空间之间的各种复杂映射问题时展现出了非凡的能力,尤其在机器学习领域的应用中显得尤为突出。作为深度学习领域的重要分支,卷积神经网络(CNN)以其独特的卷积计算和深度结构,在前馈神经网络的基础上实现了更为高级的功能。CNN 不仅具备强大的表征学习能力,还能够通过其层次化的结构对输入信息进行平移不变分类,这一特性使其在图像处理和计算机视觉任务中表现出色,因此也被形象地称为平移不变人工神经网络(SIANN)。该网络的设计灵感来源于生物视觉系统的视知觉机制,这一仿生设计不仅赋予了 CNN 处理图像数据的天然优势,还使其能够适应多种学习模式,包括监督学习和非监督学习。值得一提的是,CNN 的隐藏层中采用了卷积核参数共享和层间稀疏连接的策略。这种设计不仅大大减少了网络的参数量,降低了计算的复杂度,还有效地提升了网络对格点化特征的表达能力。正因如此,CNN 在处理大规模图像和视频数据时能够保持高效且准确的性能,成为计算机视觉领域的重要支柱之一。

卷积神经网络原理图如图 1-2 所示。

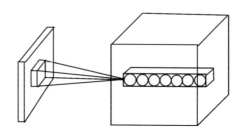

图 1-2　卷积神经网络原理图

传统的类神经网络属于有监督机器学习的范畴,其输入通常为特征数据。然而,类神经网络的设计存在一些局限性,比如神经节点的数量众多,导致连接相当稠密,进而影响了计算效率。此外,这种网络的应用范围相对受限,主要被用于图像分类任务。相比之下,卷积神经网络则是一种无监督的机器学习方法,其输入为原始图像数据。卷积神经网络的特点在于其连接相对稀疏,这种设计使得计算效率显著提高。更为重要的是,卷积神经网络的应用范围非常广泛,适用于各种图像任务,包括但不限于图像分类、目标检测、人脸识别等。因此,在人脸与表情识别方面,卷积神经网络展现出了更为优越的性能。卷积神经网络的算法可以分为一维和二维两大类。一维卷积神经网络算法主要包括时间延迟网络(TDNN)和波网(WaveNet)。这些算法在处理序列数据,如语音、时间序列等方面表现出色。而二维卷积神经网络算法则涵盖了诸如 LeNet-5 和在 IL SVRC 竞赛中胜出的算法等。这些算法在计算机视觉领域,尤其是图像处理和识别方面取得了显著的成果。

LeNet 卷积神经网络作为早期的重要神经网络模型,对图像分类问题展现出了强大的处理能力。它的问世不仅为深度学习领域注入了新的活力,更推动了相关技术的飞速发展。本书深受其启发,采纳并运用了 LeNet 卷积神经网络的思想与架构。通过这一经典模型的融入,本书在深度学习的探索道路上更进一步,为读者提供了更加丰富、深入的学习体验。LeNet 卷积神经网络原理结构如图 1-3所示。

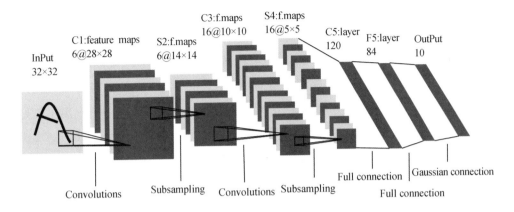

图 1-3 LeNet 卷积神经网络原理结构

深度神经网络(DNN)是人工智能宏大图景中的关键组成部分,也是机器学习技术实践与研究的核心领域之一。它采用构建层次化人工神经网络的方式,在计算系统中模拟和实现人类智能的某些方面。这种网络的特点在于,通过多层次的数据处理,逐步将原始的、较为简单的"低层"特征转化为更加抽象和复杂的"高层"特征。最终,这些高层特征被用于执行诸如复杂分类等学习任务,而这一切都是通过一个相对简单的模型来实现的。深度神经网络之所以强大,是因为其层次化的结构允许对输入信息进行分层次的提取和过滤。这种逐层处理的方式赋予了深度学习独特的表征学习能力,使其能够从原始数据中提取出有用的特征,进而用于各种学习任务。这种表征学习的能力不仅支持端到端的监督学习,即通过学习从输入到已知输出的映射来进行训练,还能支持非监督学习,即从无标签的数据中发现内在结构和模式。除了在上述学习模式中的广泛应用外,深度神经网络还是构建强化学习系统的重要基石。当深度学习与强化学习相结合时,就形成了所谓的深度强化学习。在这种框架下,深度神经网络被用来逼近难以直接求解的复杂环境中的值函数或策略函数,从而实现更加智能和高效的学习与决策。总的来说,深度神经网络以其强大的表征学习能力和广泛的应用范围,正日益成为推动人工智能发展的重要力量。

1.5.6 人脸识别

人脸识别技术,作为当今科技领域的一大热点,其实现方式多种多样,主要基于整体、局部、几何特征、形变以及运动等方法。这些方法各具特色,适用于不同的场景和需求。在整体方法中,研究者们常常运用主分量分析法、独立分量分析法等技术来捕捉人脸的全局特征。这些方法通过提取脸部的主要特征成分,能够有效地降低数据的维度,同时保留对识别最为关键的信息。此外,Fisher 线性判别法和隐马尔可夫模型法等方法也备受青睐,它们在人脸识别任务中表现出了良好的性能。相对于整体方法,局部方法则更加关注人脸的局部细节。脸部运动编码分析法、MPEG-4 中的脸部运动参数法以及局部主分量分析法等技术都是局部方法的典型代表。这些方法通过对脸部各个区域的细致分析,能够捕捉到更多的细节信息,从而提升识别的准确性。特别是 Gabor 小波法和神经网络法,它们在处理复杂的人脸识别问题时展现出了强大的潜力。几何特征方法则是一种更加直观的人脸识别方法。它主要基于人脸的几何形状进行识别,常用的技术包括基于运动单元的主分量分析法等。这种方法通过提取人脸的关键点位置信息,如眼睛、鼻子、嘴巴等的位置,来构建人脸的几何特征模型,从而实现识别。

1.5.7 表情识别

表情识别技术是当前人工智能领域中的一个研究热点,其方法多种多样,但大致可以归纳为四类:模板匹配、神经网络、概率模型和支持向量机。

模板匹配是一种直观且基础的表情识别方法。其核心思想是在预先存储的模板库中寻找与待识别表情最为相似的模板。这种方法简单易行,但局限性明显,一旦待识别图像受到光照、遮挡或角度等因素的影响,其识别效果会大打折扣。隐马尔可夫模型法就是模板匹配中的一个典型代表;神经网络方法则是一种更为高级的模式识别技术。它通过模拟人脑神经元的连接方式,构建出一个复杂的网络结构,用于学习和识别各种模式。在表情识别中,神经网络算法可以将图像中的每个像素点转化为数字,进而通过一系列的计算和处理,提取出图像的特征,最终实现表情的识别。这种方法具有强大的学习和自适应能力,但计算复杂度较高;概率模型方法是一种基于统计学的表情识别技术。它通过对大量样本的学习和分析,建立起一个概率模型,用于描述各种表情的特征和分布规律。在识别过程中,概率模型会根据待识别表情的特征,计算出其属于各种表情的概率,最终选择概率最大的表情作为识别结果。这种方法充分利用了统计学中的概率论和数理统计知识,具有较高的识别准确率和鲁棒性;支持向量机方法则是一种基于机器学习的表情识别技术。它通过寻找一个最优超平面,将各种表情的数据分割开来,从而实现表情的分类和识别。这种方法在处理高维数据和复杂模式时具有优势,但需要对数据进行预处理和特征提取等操作。在实际应用中,支持向量机方法常与其他技术相结合,以提高识别效果和效率。

人脸与表情识别的方法区别如表 1-2 所示。

表 1-2 人脸与表情识别的方法区别

人脸与表情识别方法	方法简述	优点	缺点
稀疏表示	用稀疏表示法对样本库进行描述,建立超完备子空间,重构并观察残差,最后通过稀疏系数进行表情分类	操作简单,可以用于进行前期的基础实验,有一定健壮性	描述对象必须是稀疏的,降低了实际应用价值,对于样本要求比较高
Gabor 变换	通过定义不同的帧频率、带宽和方向对图像进行多分辨率分析,能有效提取不同方向、不同细节程度的相对稳定的图像特征,常与人工神经网络或支持向量机分类器结合使用	在频域和空间域都有较好的分辨能力,有明显的方向选择性和频率选择特性	作为低层次的特征,不易直接用于匹配和识别,识别准确率较低,即使是在样本较少的条件下识别准确率也较低
主成分分析和线性判别	尽可能多地保留原始人脸表情图像中的信息,并允许分类器发现表情图像中的相关特征,通过对整幅人脸表情图像进行变换,获取特征进行识别	具有较好的可重建性	可分性较差,外来因素的干扰(光照、角度、复杂背景等)将导致识别率下降
支持向量机	在进行表情识别时常和 Gabor 滤波器一起作为分类器使用	在小样本条件下的识别效果较为理想,可以进行实时性表情识别	当样本较大时,计算量和存储量都很大,识别器的学习将变得很复杂

续表1-2

人脸与表情识别方法	方法简述	优点	缺点
光流法	将运动图像函数 $f(x,y,t)$ 作为基本函数,根据图像强度守恒原理建立光流约束方程,通过求解约束方程,计算运动参数	反映了人脸表情变化的实际规律,受外界环境的影响较小(如光照条件变化时,识别率不会有太大变化)	识别模型和算法较复杂,计算量大
图像匹配法	通过使用弹性图匹配的方法将标记图和输入的人脸图像进行匹配	允许人脸旋转,能够实时处理	会受其他部位特征的影响(如眼镜、头发等)
隐马尔可夫模型	根据观察的面部表情序列及模型计算观察面部表情序列的概率,选用最佳准则来决定状态的转移;根据观察的面部表情序列计算给定的模型参数	识别准确率较高,在97%以上	对前期的面部表情序列模型要求较高,前期的面部表情序列模型对表情识别算法的准确率影响也较大
其他方法(如矩阵分解法)	以非负矩阵分解(Nonnegative Matrix Factorization, NMF)为例,分解后的基图像矩阵和系数矩阵中的元素均是非负数。将表征人脸各部分的基图像进行线性组合,从而表征整个表情图像	需要的样本较少,在无遮挡时识别准确率在90%以上	受外界环境影响较大,在嘴巴受到遮挡时识别准确率只有80%左右

在表情识别的研究领域,数据集的选择至关重要,它们为算法的训练和验证提供了基础。在众多可用的数据集中,有几个备受瞩目的数据库,如 JAFFE、Cohn-Kanade、CMU PIE、ORL、Yale、加拿大瑞尔森的 RML,以及专门针对中国人的大规模和小型人脸表情视频数据库等。这些数据库各具特色,涵盖了不同的文化背景、人脸特征、表情类型和录制条件。本书着重介绍并使用的是 JAFFE 人脸表情数据库。这一数据库由日本国际高级电信研究所(ATR)精心建立的,专注于收录

日本女性的面部表情。值得一提的是,JAFFE 不仅覆盖了人类的 7 种基本情感表达,而且所有图像均采集自正面视角,确保了数据的一致性和可比性。在录入图像时,研究人员进行了细致的裁剪和调整,使得图像中眼睛和人脸的尺寸保持相对固定,这为后续的图像处理和特征提取提供了便利。此外,为了控制光照条件对图像质量的影响,JAFFE 数据库在录制过程中采用了正面光源照明。虽然光照强度存在一定程度的差异,但这种设计更贴近现实生活中的光照变化,有助于提升模型的泛化能力。每张图像均以 256 像素×256 像素的高分辨率呈现,保证了图像细节的清晰度和识别算法的准确性。JAFFE 人脸表情数据库凭借其标准化的数据采集流程、高质量的图像资源和丰富的情感表达,成为了表情识别研究领域的重要资源之一。它的广泛应用不仅推动了相关算法的发展和创新,也为心理学、人机交互等多个学科的研究提供了有力的支持。

JAFFE 人脸表情数据库中的 7 种基本表情如图 1-4 所示。

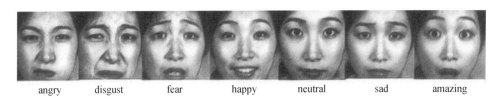

| angry | disgust | fear | happy | neutral | sad | amazing |

图 1-4 JAFFE 人脸表情数据库中的七种基本表情

1.5.8 情绪感知

1.基于语音进行情绪识别

当我们在日常生活中倾听他人说话时,不仅仅关注于词汇的内容,更多的是通过语调、语速以及音量等细微变化来感知对方的情绪状态。这种能力,如今已被科技所模仿,并形成了基于语音进行情绪识别的方法。在构建这样的识别系统时,语音数据库成了不可或缺的基础资源。这些数据库大致可以分为两类:离散情感数据库和维度情感数据库。离散情感数据库的设计理念是将复杂的情绪世界简化为几种基本类型,如快乐、悲伤、愤怒等。每一段语音都会被仔细分析,并贴上与其情感最为吻合的标签。这样的分类方式虽然简洁明了,但也存在着一定的局限性,因为它难以涵盖情绪的所有细微差别。与离散情感数据库不同,维度情感数据库则采用了更为细致和全面的标注方法。它首先广泛收集了人们在各种情感状态下的自然语音样本。随后,每一段语音都会与这些自然语音样本进行比对,根据匹配度来为其打上情感分数。这样的标注方式不仅考虑了情绪的基本类型,还深入到了每个情绪的强度和细腻变化之中。因此,维度情感数据库往往能够更真实地反映出人们的情感状态。无论是离散情感数据库还是维度情感数据库,它们都为基于语音的情绪识别技术提供了宝贵的数据资源。通过这些数据库的支持,识别算法得以不断学习和优化,最终实现了对人类情绪的高效识别和理解。这种技术的广泛应用,不仅有助于提升人机交互的自然度和智能水平,还为心理学、社会学等领域的研究带来了新的视角和方法。

2.基于图像进行情绪识别

基于图像进行情绪识别会出现一些退化问题,但深度残差网络很好地解决了这一问题,残差块的基础结构如图 1-5 所示。

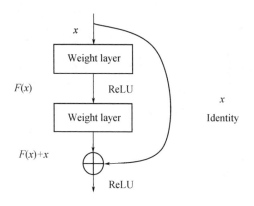

图1-5　残差块的基础结构

残差概念的引入对深度学习网络的影响深远,它不仅增强了网络的稳定性,还使得训练过程中的收敛更为迅速和可靠。通过残差学习,模型能够更好地捕捉数据中的细微变化,并从根本上缓解了梯度消失的问题,这是训练深度网络时常遇到的一大难题。尽管人脸表情与内心情绪之间通常存在紧密的关联,但在现实生活中,我们也经常能遇到"表里不一"的情况。这种表情与情绪的不一致,即人脸表情欺骗,为我们理解和分析人类情感带来了挑战。例如,当某人内心深感悲伤时,他们可能会出于各种原因而在脸上露出笑容。这种复杂的情感表达使得单纯依赖表情来判断情绪变得困难。

通过实时抓取人脸的表情帧,我们能够捕捉到面部表情的细微变化。我们对这些表情帧进行深入分析,具体包括观察嘴角的弧度、脸颊的拉宽程度、眉毛的上扬程度以及眉间距等特征,这些特征都能为我们提供关于表情的丰富信息。而仅仅分析单个表情帧是不够的。为了判断表情的真实性,我们还需要考虑表情的持续时间。通过计算抓取到的连续表情帧数,我们能够评估一个表情的稳定性和持久性。真实的表情往往会在一段时间内保持一致,而虚假的表情则可能更加短暂和易变。

1.6 人工智能与机器学习

1.6.1 机器学习基于学习策略的分类

1.模拟人脑的机器学习符号学习

在宏观层面上,有一种称为符号学习的方法。这种方法深深根植于认知心理学的土壤之中,它接收和处理的是符号数据,运用符号运算作为其主要手段。想象一下,在图或状态空间中进行搜索,每一步推理都像探险者在未知的领域中寻找宝藏。符号学习的目标并不仅仅是简单的数据处理,而是追求更高层次的概念或规则的掌握。而在微观层面上,神经网络学习或称为连接学习则展现了另一种风貌。它以脑和神经科学为基石,构建了一个精妙的人工神经网络作为函数结构模型。在这里,数值数据成了主要的输入,数值运算则是处理这些数据的主要方法。在系数向量空间中进行迭代搜索,就像在一个巨大的迷宫中寻找出路。与符号学习不同,连接学习的目标是寻找一个能够准确描述输入与输出之间关系的函数。权值修正学习和拓扑结构学习是连接学习的两个典型代表,它们通过不断调整和优化神经网络的参数和结构,以达到更好的学习效果。这两种学习模式虽然各有侧重,但都是对人类学习机制的深入探索。它们相互补充,共同构建了一个完整而复杂的学习体系,为我们理解和模拟人类智能提供了有力的工具。

2.直接采用数学方法的机器学习主要有统计机器学习

统计机器学习是一种基于数据洞察和学习目标分析的方法论。其核心在于选择恰当的数学模型,这些模型在未经训练之前,其潜在的参数选择范围广泛,甚至是无限的。因此,这些未经训练的模型形成了一个庞大且多样的假设空间。每一个模型都代表着对数据的一种可能解释或预测方式。在确定了模型之后,接下来的关键步骤是制定策略。策略本质上是一种准则,用于从假设空间中筛选出性能最优的模型。评估模型性能的主要依据是其分类或预测结果与真实情况的接近程度,这种接近程度通常用损失函数来衡量。损失函数越小,模型的预测能力就越强,因此,策略的目标就是最小化这个损失函数。但是,仅仅有模型和策略还不够,我们还需要一种有效的方法来实际找到这个最优模型。这就是算法的作用所在。算法是一种系统的方法,用于在假设空间中搜索并确定最佳模型参数。

1.6.2　机器学习基于学习方法的分类

1.归纳学习符号归纳学习

归纳学习是机器学习中的一大类别,其核心理念是从个别到一般,即从具体的实例或现象中提炼出普遍适用的规律或模型。符号归纳学习作为归纳学习的一个重要分支,主要关注如何从符号化的数据中挖掘出有用的信息。示例学习和决策树学习就是符号归纳学习的典型代表。示例学习通过分析一组具体的示例来构建模型,而决策树学习则利用树状结构来表示决策过程,从而实现对新数据的分类和预测。与符号归纳学习相对应的是函数归纳学习,也被称为发现学习。这种学习方法的核心在于通过寻找一个能够最佳拟合给定数据的函数来描述数据的内在规律。函数归纳学习的典型方法包括神经网络学习、示例学习、发现学习和统计学习等。其中,神经网络学习通过模拟人脑神经元的连接方式来处理信息,示例学习则通过从具体示例中提炼出一般规则来构建模型,发现学习致力于在数据中发现新的知识和模式,而统计学习则运用统计学原理来分析和预测数据。需要注意的是,虽然示例学习在符号归纳学习和函数归纳学习中都有提及,但其在两者中的应用方式和侧重点是有所不同的。在符号归纳学习中,示例学习更注重从符号化的数据中提炼规则;而在函数归纳学习中,示例学习则更多地关注如何通过函数拟合数据。

2.分析学习

分析学习,作为机器学习领域的一种独特方法,强调的是对数据的深入剖析和理解。在这种学习范式下,研究者们不仅关注模型的预测能力,更注重模型的可解释性和其对数据内在结构的揭示。典型的分析学习方法,如解释学习和宏操作学习,都体现了这一核心理念。解释学习致力于构建一个能够"说明"其预测或决策依据的模型。它不仅仅满足于给出一个结果,更重要的是要能够阐述为什么得出这样的结果。这种学习方法在需要高度透明度和信任度的场景中尤为重要,比如医疗诊断、金融风险评估等。通过解释学习,人们可以更好地理解模型的决策逻辑,从而增强对模型的信任和使用意愿。宏操作学习则是一种更为抽象和高级的分析学习方法。它关注的不是单个数据点或局部模式,而是数据集合的整体结构和宏观趋势。宏操作学习试图通过定义和操作复杂的宏指令或规则来捕捉数据的全局特征。这种学习方法在处理大规模、高维度的数据时特别有效,因为它能够忽略不必要的细节,直接关注影响整体性能的关键因素。

1.6.3 机器学习基于学习方式的分类

1.监督学习(有导师学习)

监督学习,也被称为有导师学习,是机器学习领域中的一种主流方法。在这种学习模式下,输入数据不仅包含原始特征,还伴随着一种被称为"导师信号"的重要信息。这种导师信号,实质上是一种期望输出或标准答案,用于指导模型的学习过程。监督学习的核心在于从给定的输入数据中提取有用的信息,并构建一个能够准确映射输入到期望输出的模型。这个模型可以是概率函数、代数函数,或者更为复杂的人工神经网络。其中,概率函数主要用于描述输入与输出之间的概率关系,代数函数则通过数学公式来建立输入输出之间的直接联系,而人工神经网络则模仿人脑的神经元结构,通过复杂的网络连接来处理和传递信息。在学习过程中,监督学习采用迭代计算方法,不断地调整模型的参数和结构,以最小化模型预测与实际导师信号之间的差异。监督学习的最终结果是一个函数,这个函数能够根据新的输入数据预测出相应的输出。这种预测能力使得监督学习在众多领域都有广泛的应用,如图像识别、语音识别、自然语言处理等。在这些领域中,监督学习通过从大量标注数据中学习规律和模式,为未知数据的预测和分类提供了有力的支持。

2.无监督学习(无导师学习)

无监督学习,也称为无导师学习,是机器学习的一个重要分支,其特点在于输入数据中不包含预定义的导师信号或标签。这种学习方式让机器自行探索数据的内在结构和模式,而不需要依赖外部提供的标准答案。在无监督学习中,聚类方法是一种常用的技术,它将相似的数据点归为一类,使得同一类中的数据点尽可能相似,而不同类之间的数据点则尽可能相异。这种聚类过程有助于我们发现数据中的自然分组或模式,为后续的数据分析和应用提供基础。典型的无导师学习方法包括发现学习、聚类以及竞争学习等。发现学习侧重于从数据中挖掘出隐藏的结构和关系,它可能涉及各种复杂的统计和数学工具,以揭示数据内在的规律和趋势。聚类则是一种更为直观的无监督学习方法,它通过将数据点分组来展现数据的整体分布和局部特征。竞争学习则是一种模拟生物竞争机制的学习方法,它通过让不同的模型或神经元竞争对数据点的解释权来优化模型的性能。无监督学习的结果通常以类别的形式呈现。这些类别是机器根据数据的相似性和差异性自动划分出来的,它们反映了数据的内在结构和分布特征。这些类别可以用于后续的分类任务、异常检测、数据压缩等多种应用。

1.6.4　机器学习基于学习目标的分类

1.概念学习

概念学习是机器学习领域中的一个重要分支,其核心目标在于从数据中提炼和获得概念性的知识。这种学习不仅关注模型对具体数据的处理能力,更强调其对抽象概念的把握和运用。概念学习的结果,通常表现为一系列清晰、明确的定义或规则,这些定义或规则能够准确地描述和界定某一概念或类别的内涵和外延。在概念学习的过程中,示例学习是一种极为典型和常用的方法。它通过向学习者展示一系列具体的实例或案例,让学习者从中归纳、总结出共性和规律,进而形成对某一概念或类别的全面、深入理解。这种方法强调从具体到一般的认知过程,符合人类学习和认知的基本规律。示例学习的有效性在于,它能够充分利用已有的数据资源,通过让学习者接触和感知实际的数据样本,激发其归纳、概括和抽象的能力,从而帮助其形成对概念的深刻理解和把握。同时,示例学习还具有很强的灵活性和适应性,能够根据不同的学习需求和任务场景,调整和优化学习策略和模型结构,以实现更高效、更准确的概念学习。

2.规则学习

规则学习是机器学习领域中的一种重要方法,其核心在于从数据中提炼和获得具有普遍适用性的规则。这种学习的目标和结果不是简单的数据拟合或分类,而是能够描述数据内在关系、指导决策和预测行为的规则。规则学习强调模型的解释性和可理解性,使得学习到的规则能够被人们直观地理解和应用。在规则学习的诸多方法中,决策树学习是一种尤为典型和常用的技术。决策树学习通过构建树状结构来描述数据和决策过程,使得复杂的决策问题可以被分解为一系列简单的判断和选择。在决策树中,每个节点代表一个判断条件,每个分支代表一个可能的决策结果,通过从根节点到叶节点的路径,可以清晰地展示出一个决策的形成过程。决策树学习的优势在于其直观性和易于理解。通过决策树,人们可以清晰地看到每个决策是如何基于数据的特征和属性做出的,以及不同决策之间的关联和影响。这种透明性和可解释性使得决策树学习在很多需要解释和说明的决策场景中具有广泛的应用,如医疗诊断、金融风险评估、市场营销策略制定等。

1.7 机 器 视 觉

机器视觉技术实质上是为机器装上了"眼睛"与"大脑",其中,"眼睛"代表的是图像采集的硬件设备,如相机、镜头和光源等,而"大脑"则是指处理和解析这些图像数据的算法和软件。通过这套系统,机器能够像人一样去"看"世界,将捕捉到的目标转化为图像信号,再经由专用的图像处理系统转换成数字化信息。系统会依据图像中的像素分布、亮度及颜色等特征进行深度解析,从而识别出目标的关键属性,并根据这些识别结果来指导现场设备的运作。在机器视觉的领域中,有几个核心概念尤为重要。视觉图像是基石,无论是人还是机器,都依赖于图像来感知和理解世界。机器视觉不仅仅关注图像的获取,也就是摄影技术,它更重视图像的分析与解读,这是计算机视觉的核心任务。而且,这种获取与分析的过程通常是高速自动完成的,这凸显了机器视觉系统的高效性。尽管如此,机器视觉系统也并非完全自主,有时它们需要由特定的外部事件触发,如按钮的按压或声音指令。在解读图像时,系统依赖于预先存储的数据来对"已知"对象进行识别,并提供关于这些对象的具体信息。这种对数据的依赖确保了机器视觉系统的准确性与可靠性。早期的机器视觉技术主要应用于生产线上的质量检查和机器协作。但随着时间的推移,它的应用范围已经远远超出了这些初始领域。如今,机器视觉系统不仅可以用于人数统计,还可以提供有助于疾病诊断的关键信息。这种多元化的应用前景展示了机器视觉技术的巨大潜力与广阔未来。

1.8　数据结构与算法概述

1.8.1　常用的数据结构

1.数组

谈及数组的优点,我们不得不提及其高效的索引查询能力。因为元素在内存中是连续存储的,所以当我们知道元素的索引时,计算机可以直接计算出该元素在内存中的位置,从而实现快速访问。此外,数组的遍历也异常简单,只需按照索引顺序逐一访问即可。但数组并非没有短板。一旦数组的大小被确定,它就无法再进行扩容。这意味着,如果我们需要存储更多的数据,就必须重新创建一个更大的数组,并将原数组中的数据复制到新数组中,这无疑增加了额外的开销。除此之外,数组还有一个限制,那就是它只能存储同一种类型的数据。这使得数组在某些需要存储多种数据类型的场景中显得力不从心。更为关键的是,数组在添加或删除元素时的效率并不高。因为数组中的元素是连续存储的,所以当我们在数组的中间插入或删除一个元素时,为了保证数组的连续性,就需要移动该元素之后的所有元素。这种操作的时间复杂度是线性的,对于大型数组来说,其效率是非常低的。那么,数组适用于哪些场景呢?答案是那些需要频繁查询元素,但对存储空间要求不高,且很少进行添加或删除操作的场景。例如,如果我们有一个需要经常查找但不经常修改的数据集,那么将其存储在数组中就是一个不错的选择。因为数组的查询效率非常高,而修改操作相对较少,所以数组的缺点在这种场景下并不会成为问题。

2.栈

栈,这种别具一格的线性数据结构,独树一帜地只允许在一端进行各种操作。

在这一端,我们称为栈顶,它敞开怀抱,欢迎着新元素的加入和旧元素的离去;而在另一端,即栈底,则显得沉稳而封闭,不容任何改动。这种一端开放、一端封闭的特性,赋予了栈一种独特的运作方式:先进后出。这就像一个井然有序的队列,但与之不同的是,新加入的元素总是站在队前,而出队的却总是最早加入的那个。在栈的世界里,最后进来的元素总是最先出去,这种规律性的运作方式,使得栈在处理某些问题时显得尤为得心应手。当我们向栈顶添加一个新元素时,这个过程被称为入栈。新元素稳稳地站在栈顶,俯瞰着下面那些早它一步进入栈的伙伴们。而从栈顶取出一个元素的操作,则被称为出栈。出栈的元素,总是那个最早进入栈且一直在等待机会离去的元素。想象一下,栈就像一个狭长的集装箱。我们从一端放入物品,然后只能从这一端取出。越先放进去的东西,就越是被压在箱底,直到所有后来的物品都被取出后,它们才有机会重见天日。这种后进先出的特性,使得栈在处理一些需要逆序操作的问题时,显得尤为有效。递归,就是这样一种需要逆序操作的问题。在递归过程中,函数会不断地调用自身,每次调用都会将当前的状态压入栈中,等待后续的处理。而当递归到达最底层时,开始逐层返回,每次返回都会从栈中取出一个之前保存的状态,继续进行处理。斐波纳奇数列的递归求解,就是栈在递归场景中的一个典型应用。通过栈的入栈和出栈操作,我们可以轻松地实现这种递归过程,求解出数列中的任意一项。

3.队列

队列,这种与栈相似的线性数据结构,在数据的存取方式上却展现出截然不同的特性。与栈的"后进先出"原则不同,队列坚守着"先进先出"的原则,它就像一条井然有序的流水线,每个元素按照它们进入队列的顺序,依次等待着被处理。在队列的一端,新元素被允许加入,这一操作被称为"入队"。就如同工厂生产线上的新产品,它们被放置在流水线的起始端,等待着向前移动。而在队列的另一端,元素被取出以供处理或使用,这一操作则被称为"出队"。就像流水线上的产品经过一系列加工后,最终从流水线的末端被取出,成为可以交付的成品。队列的这种先进先出的特性,使得它在某些特定场景下具有独特的优势。多线程编程中的阻塞队列管理,就是一个典型的例子。在多线程环境下,多个线程可能同时需要访问和修改共享资源。为了避免竞争条件和保证数据的一致性,我们可以使用队列来管理这些资源的访问请求。每个线程将其请求作为元素入队,然后按照它们入队的顺序依次处理。这种方式不仅保证了公平性,还有效地防止了线程之间的冲突。此外,队列还在许多其他领域发挥着重要作用。例如,在打印任务管理中,多个打印任务可以按照它们到达的顺序排队等待打印;在网络数据传输中,数据包也可以按照它们发送的顺序排队等待传输。这些场景都充分利用了队列先进先出的特点,实现了高效且有序的数据处理。

4.链表

链表,这种数据结构在物理存储上独树一帜,它并不要求元素在内存中连续存放。相反,链表依赖指针来构建元素之间的逻辑顺序。每一个链表元素,都包含两部分内容:一部分用于存储实际的数据,我们称为数据域;另一部分则是指向下一个元素的指针,即指针域。这种结构的灵活性使得链表能够演化出多种形态,如单向延伸的单链表、双向互通的双向链表,以及首尾相接的循环链表等。链表作为一种被广泛应用的数据结构,其优势在于无须预设容量,可以灵活地添加或删除元素。当我们需要在链表中插入或移除一个元素时,只需调整相邻元素的指针域,使其指向新的地址或跳过被删除的元素。这种操作方式使得链表在处理元素的增删时显得非常高效。然而,链表也并非没有缺点。每个元素都需要额外的空间来存储指针域,这导致链表在内存占用上相对较高。此外,当需要查找链表中的某个元素时,我们必须从头开始,逐个遍历链表中的元素,直到找到目标为止。这种查找方式在面对大数据量时可能会显得相当耗时。因此,链表更适用于那些数据量相对较小,但需要频繁进行元素增删的场景。例如,在实现某些动态数据结构或算法时,链表能够提供足够的灵活性和效率。同时,在内存资源相对紧张的环境中,我们也需要权衡链表的内存占用和其带来的操作便利性。

1.8.2 常用的算法

算法一:快速排序算法

快速排序算法,这一由东尼·霍尔提出的经典排序算法,以其高效性在实际应用中备受青睐。在大多数情境下,它仅需要大约 $O(nlogn)$ 次的比较就能完成 n 个项目的排序。尽管在最糟糕的情况下,其比较次数可能达到 $O(n^2)$,但这种情况发生的概率极低。事实上,快速排序之所以得名"快速",正是因为在大多数架构上,其内部循环的执行效率极高,使得整体排序速度超越了众多其他排序算法。

快速排序的核心在于分治策略的运用。这一策略将一个大问题拆解成若干个小问题,分别解决后再合并结果。在快速排序中,这一策略体现为将一个序列分割成两个子序列的过程。具体步骤如下:

第一步,从待排序的序列中选取一个元素作为"基准"。这个基准的选择并不固定,可以是序列中的任意一个元素,但不同的选择可能会对排序效率产生影响。

第二步,对序列进行重新排列,使得所有小于基准的元素都位于基准的左侧,而所有大于基准的元素都位于基准的右侧。这一过程称为分区操作,完成后,基准元素就位于了其最终应该所在的位置。

第三步,对基准左侧和右侧的子序列分别进行快速排序。由于这两个子序列都小于或大于基准,因此它们相对于基准已经是排好序的,只需递归地对它们进行快速排序,直到每个子序列都只剩下一个或零个元素,即达到了排序的终点。这个递归过程虽然看似复杂,但实际上每次迭代都会至少将一个元素放置到其最终位置上,因此算法总会终止。这种简洁而高效的排序方式,使得快速排序成了众多排序算法中的佼佼者。

算法二:堆排序算法

堆排序算法是一种基于堆数据结构的排序方法,它充分利用了堆的性质,即在一个堆中,父节点的值总是大于或等于(或小于或等于)其子节点的值。这种特性使得堆排序在处理大量数据时表现出色,其平均时间复杂度为 O(nlogn),在实际应用中具有很高的效率。堆排序算法的实现过程可以概括为以下几个步骤:

第一步,我们需要构建一个堆。这个堆可以是一个最大堆或最小堆,具体取决于我们想要的排序顺序。在构建堆的过程中,我们会通过调整节点的位置来满足堆的性质,确保父节点的值总是大于或等于其子节点的值(或相反)。

第二步,一旦堆构建完成,我们可以开始排序过程。我们将堆顶元素(即最大值或最小值)与堆尾元素进行交换。这一操作会将堆定元素放到数组的最后位置,从而实现了一次排序。

第三步,交换堆顶和堆尾元素后,我们需要重新调整堆的大小,并调用 shift_down(0) 函数。这个函数的目的是将新的堆顶元素移动到合适的位置,以满足堆的性质。通过不断缩小堆的大小并调整元素位置,我们可以逐渐将数组中的元素排序到正确的位置。最后一步是重复上述过程,直到堆的大小变为 1。这意味着我们已经将所有元素都排序到了正确的位置,排序过程完成。

算法三:归并排序算法

归并排序算法是一种基于归并操作的排序方法,它巧妙地运用了分治策略来实现对数据的排序。这种算法通过将大问题分解为小问题,再将小问题逐步合并成大问题的思路,使得排序过程既高效又稳定。在归并排序中,首先会申请一个大小等于待排序序列总和的空间,用于存放合并后的有序序列。这个空间在排序过程中起到了关键的作用,它保证了合并操作的顺利进行。接下来,算法会设定两个指针,分别指向两个已经排序好的序列的起始位置。这两个指针就像两个探路者,它们会不断地向前探索,寻找各自序列中的最小元素。然后,算法会开始比较这两个指针所指向的元素。在这个过程中,它会选择相对较小的元素,并将其放入之前申请的空间中。同时,指针也会相应地向前移动一位,继续指向下一个待比较的元素。这个过程会一直重复进行,直到其中一个指针到达了序列的尾部。这意味着其中一个序列的所有元素都已经被处理完毕,而另一个序列可能还剩下一些元素未被处理。最后,算法会将剩下的所有元素直接复制到合并后的序列尾部。这样,两个有序序列就成功地合并成了一个更大的有序序列。

归并排序算法的时间复杂度为 O(nlogn),在处理大规模数据时表现出色。同时,由于它采用了分治策略,算法的实现过程相对简洁明了。此外,归并排序还是一种稳定的排序算法,能够保持相等元素之间的相对顺序不变。这些优点使得归并排序在实际应用中得到了广泛的应用。

算法四:二分查找算法

二分查找算法是一种高效的搜索策略,专门用于在有序数组中定位特定的元素。不同于逐个遍历的传统搜索方式,二分查找采用了一种分而治之的思想,通过不断地将搜索范围缩小一半来快速逼近目标。在二分查找的过程中,算法首先会选取数组的中间元素作为比较的基准。如果这个中间元素恰好是我们要查找的目标值,那么搜索就可以立即结束,我们找到了所需的元素。然而,如果目标值大于或小于中间元素,那么算法就会根据比较结果来调整搜索范围。具体来说,如果目标值大于中间元素,那么算法就会在数组的右半部分继续搜索;反之,如果目标值小于中间元素,算法则会在左半部分进行搜索。值得注意的是,无论是在左半部分还是右半部分进行搜索,算法都会重新计算新的中间元素,并以其作为新的比较基准。这个过程会不断重复,直到找到目标元素或者搜索范围为空为止。如果搜索范围为空,那么就意味着目标元素不存在于数组中。二分查找算法之所以高效,是因为它每次比较都能将搜索范围缩小一半。这种指数级的缩减使得算法的时间复杂度降低到了 $O(\log n)$,其中 n 是数组的大小。因此,对于大规模的有序数据集来说,二分查找是一种非常实用的搜索算法。它能够在短时间内完成查找任务,为各种需要快速检索的应用场景提供了有力的支持。

第 2 章 机 器 学 习

2.1 机器学习常用算法

2.1.1 决策树

决策树算法是机器学习领域广泛应用的一种算法,它利用树形结构来进行数据分类。ID3、C4.5 和 CART 等是决策树算法中的几种代表性方法。在这种树形结构中,每个内部节点都对应一个属性的判断条件,而每个分支则代表了这个判断条件可能产生的结果。最终,每个叶节点都对应一个具体的分类结果。决策树算法的核心思想是通过一系列的判断条件,将数据逐步划分到不同的分类中。这个过程就像是在一棵树上,从根节点开始,根据每个节点的判断条件,选择相应的分支继续向下走,直到到达叶节点,得到最终的分类结果。监管学习是决策树算法常用的学习方法。在这种学习模式下,我们提供一组已经标记好分类结果的样本数据。每个样本都包含一组属性和对应的分类结果。机器通过学习这些样本数据,构建出一棵决策树。这棵决策树能够反映出属性和分类结果之间的关系,从而可以对新的数据进行分类预测。在构建决策树的过程中,算法会根据样本数据的属性和分类结果,选择最优的划分属性作为内部节点的判断条件。这个选择过程通常会基于某种评估准则,如信息增益、增益率或基尼指数等。通过不断地选择最优划分属性,算法最终能够构建出一棵具有较好分类性能的决策树。

下面通过一个简单的例子来说明决策树的构成思路:给出如表 2-1 所示的一组数据,一共有 10 个样本,每个样本有分数、出勤率、回答问题次数、作业提交率 4 个属性,以此判断这些学生是否是好学生,最后一列是人工分类结果。

表 2-1　样本数据

编号	分数	出勤率	回答问题次数	作业提交率	是否是好学生
1	99	80%	5	90%	是
2	89	100%	6	100%	是
3	69	100%	7	100%	否
4	50	60%	8	70%	否
5	95	70%	9	80%	否
6	98	60%	10	80%	是
7	92	65%	11	100%	是
8	91	80%	12	85%	是
9	85	80%	13	95%	是
10	85	91%	14	98%	是

用这组附带分类结果的样本可以训练出多种多样的决策树,为了简化过程,假设决策树为二叉树。二叉树示例 1 如图 2-1 所示。

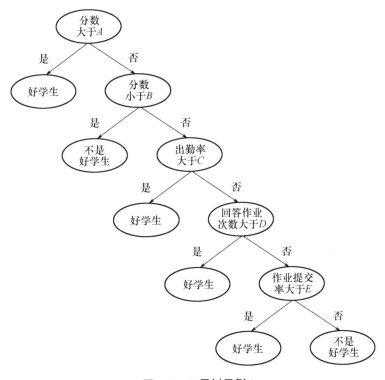

图 2-1　二叉树示例 1

通过学习表 2-1 的数据,可以设置 A、B、C、D、E 的具体值,A、B、C、D、E 称为阈值。当然也有和图 2-1 不同的树形,如图 2-2 所示。

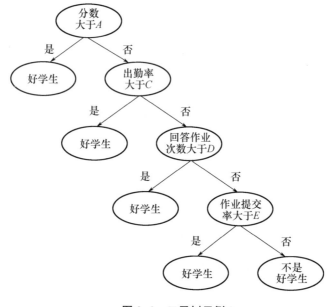

图 2-2　二叉树示例 2

1.节点的分裂

节点的分裂是决策树构建过程中的关键环节,它决定了树形结构的复杂度和分类性能。在决策树算法中,当一个节点所代表的属性无法直接给出明确的分类判断时,就需要对这个节点进行分裂操作,以进一步细化数据的划分。分裂节点时,算法会根据特定的准则选择最优的划分方式。而在多叉决策树中,一个节点可能会被分裂成多个子节点,每个子节点对应属性取值的一个范围或类别。节点的分裂过程旨在通过引入更多的判断条件,使决策树能够更好地拟合训练数据,并提高对新数据的分类准确性。分裂后的子节点将继承父节点的数据,并根据新的判断条件进行进一步的划分。这样,决策树就能够逐步地将数据空间划分为多个纯净的区域,每个区域只包含同一类别的样本。在分裂节点时,算法需要综合考虑多个因素,如分裂后的子节点纯度、树的复杂度以及过拟合的风险等。为了平衡这些因素,算法通常会采用一些启发式策略来选择最优的分裂属性。

2.阈值的确定

确定阈值是决策树构建中的关键环节,关乎分类的准确性。一个恰当的阈值能有效减少分类错误,提升模型的性能。在众多决策树算法中,ID3、C4.5 和 CART 备受推崇。其中,CART 算法尤为出色,其分类效果往往优于其他同类算法。这得益于 CART 独特的构建机制,它在生成决策树时既考虑了分类的纯度,也兼顾了树的复杂度,从而在保证分类准确性的同时,有效避免了过拟合现象的发生。因此,在实际应用中,CART 算法往往能够为我们提供更加可靠、准确的分类结果,是决策树学习中的一把利器。

ID3 算法利用增熵(Entropy)原理在构建决策树时,决定哪个节点应作为父节点以及哪个节点需要进一步分裂。对于给定的数据集,熵值的大小反映了数据的混乱程度,熵越小,数据的分类效果越好,意味着分类结果更为清晰和确定。以表2-1 中的四个属性为例,我们可以通过不同的条件对数据进行分类。例如,当分数小于 70 时,我们可以将学生归类为"不是好学生",但这样的分类会导致一个学生被错误分类;当出勤率大于70%时,我们可以将学生归类为"好学生",但这样的分类会导致三个学生被错误分类。同样地,我们还可以根据回答问题次数和作业提交率进行分类,但每种分类都会有一定的错误率。经过比较,我们发现当使用"分数小于70"作为分类条件时,错误分类的学生数量最少,即熵值最小。因此,在构建决策树时,我们应该选择"分数"作为父节点,并根据该属性进行分裂。当然,我们也可以尝试其他条件,如"分数大于71"或"出勤率小于60%"等,但最终的目标都是选择熵值最小的条件。确定需要分裂的节点时,我们同样遵循熵减最大的原则。对于每个可能的分裂选择,我们都会计算其分裂前后的熵值变化。选择那些能够使得熵值减小最多的分裂条件,以确保分类结果的准确性和清晰度。

ID3 算法在决策树构建中虽然表现出色,但也存在一个显著问题:过度学习。这一问题表现为算法倾向于将分类分割得过于细致,仅仅基于训练数据优化分类结果,却忽视了新数据的差异性。以设定分数阈值为例,虽然通过不断细化阈值可以降低训练数据的分类错误率,但这种细化对于新数据可能并不适用,反而会导致分类错误率的上升。为了解决这个问题,C4.5 算法应运而生,对 ID3 进行了重要改进。C4.5 算法引入了信息增益率的概念,用于平衡分类的细致程度与过度学习的风险。信息增益率考虑了分割分类过细所带来的代价,当分类过于细致时,分母增加,信息增益率相应降低。这一机制有效避免了过度学习的问题,使得决策树在构建时能够更好地泛化到新数据。除了信息增益率的引入,C4.5 算法在其他方面与 ID3 算法保持了一致性。它同样采用树形结构来表示决策过程,通过递归地选择最优属性进行分裂来构建决策树。然而,通过引入信息增益率这一优化项,C4.5 算法在保持决策树简洁性的同时,也增强了对新数据的适应性。

2.1.2　SVM

支持向量机(SVM)是一种广泛应用于各个领域的机器学习方法,其核心在于寻求最大分类间隔,以此实现数据的精准分类。由于自身出色的性能和广泛的应用场景,SVM 被众多研究者和实践者所青睐,成了他们在面对分类问题时的首选方法。这种受欢迎的程度,也使得 SVM 在机器学习领域赢得了"最优分类器"的美誉。通过 SVM 的应用,我们可以更有效地处理各种复杂的分类任务,推动机器学习在各个领域的深入发展。SVM 工作内容如图 2-3 所示。

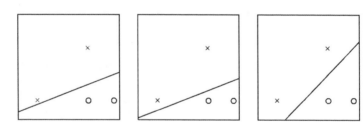

图 2-3　SVM 工作内容

图 2-3 中的三个分类实例都将数据正确分类,虽然每种情况都能将数据正确分类,但从专业角度来看,第三种分类效果显然更佳。这并非仅仅基于直观感受,而是因为它具有更大的数据噪声容忍度,从而使得整个系统更为稳健。图 2-4 清晰地描绘了这种健壮性,其中灰色的圈代表了系统对数据噪声的容忍门限。可以明显看到,第三种分类情况的门限最大,因此在面对数据噪声时表现得更为出色。SVM 的核心思想就是追求这种最大门限,从而构建出一个既能正确分离数据又具有较强抗噪声能力的健壮超平面。虽然在图 2-4 中,分类线呈现为直线形态,但在实际应用中,数据通常具有高维度特性,因此对应的分类界面实际上是超平面。下面对 SVM 进行解释。

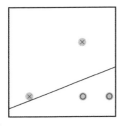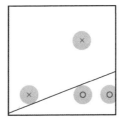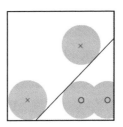

图 2-4　健壮超平面

Vapnik 的"*Statistical Learning Theory*"是一部深刻阐述统计机器学习思想的杰作。该书详尽地论证了统计机器学习与传统机器学习的核心区别:统计机器学习能准确量化学习效果,明确解答所需样本数等关键问题。相较于传统机器学习的摸索与尝试,统计机器学习展现了一种严谨、精确的思维模式。在传统机器学习中,构建分类系统往往依赖于个人的技巧和直觉,缺乏明确的指导和原则。这种方法的结果具有极大的不确定性:有时可能获得出色的效果,有时却表现糟糕。这种不稳定性使得传统机器学习在实际应用中受到诸多限制。而统计机器学习的核心概念之一是 VC 维,它衡量了函数类的复杂程度。VC 维越高,问题越复杂。支持向量机(SVM)作为一种典型的统计机器学习方法,特别关注 VC 维的控制。SVM 在解决问题时不受样本维数的限制,并通过引入核函数,巧妙地处理了高维数据,使其在文本分类等问题上表现出色。

2.1.3　K 近邻

1.K 近邻模型

K 近邻模型是机器学习中一个十分基础且实用的分类算法。它的运作原理相对直观:通过测量不同数据点之间的距离,找出距离目标点最近的 k 个邻居,然后根据这些邻居的分类情况,决定目标点的归属类别。在这个过程中,距离度量、k 值的选择以及分类决策规则都扮演着至关重要的角色。谈到距离度量,我们不得不提 Lp 距离这一概念。它是多种距离计算方式的统一表达形式,涵盖了诸如欧氏距离、曼哈顿距离、切比雪夫距离等多种常见距离度量方式。这些度量方式各有其适用场景,比如欧氏距离适用于空间中的直线距离计算,曼哈顿距离则更适用于城市街区路径规划等场景。在实际应用中,我们需要根据数据的特性和问题的需求来选择合适的距离度量方式。而 k 值的选择则是 K 近邻模型中的另一个关键要素。k 值的大小直接影响着模型的分类效果:过小的 k 值可能导致模型过于敏感,容易受到噪声数据的影响;过大的 k 值则可能使模型过于泛化,无法捕捉到数据中的细微差别。因此,在选择 k 值时,我们需要权衡模型的近似误差和估计误差,找到一个合适的半衡点。除了距离度量和 k 值选择外,分类决策规则也是 K 近邻模型中不可或缺的一部分。最常见的分类决策规则是简单多数规则,即根据 k 个最近邻居中出现次数最多的类别来决定目标点的分类。这种方法简单直观,但在某些情况下可能不够准确。为了获得更好的分类效果,我们还可以尝试使用加权的多数表决规则。这种方法在考虑邻居分类的同时,还考虑了它们与目标点的距离远近,从而赋予不同的权重。这样一来,距离更近的邻居将对目标点的分类产生更大的影响,有望增强模型的分类准确性。

总的来说,K 近邻模型通过综合考虑距离度量、k 值选择和分类决策规则等多个因素,实现了对未知数据的有效分类。在实际应用中,我们可以根据问题的具体需求和数据的特性来调整这些因素的取值和选择方式,以期获得最佳的分类效果。同时,我们也需要注意到 K 近邻模型的一些局限性,比如它对数据集的大小和维度敏感、计算复杂度较高等问题,这些问题在实际应用中需要我们进行充分的考虑和处理。尽管如此,K 近邻模型依然是一个强大且实用的分类工具,在多个领域都有着广泛的应用。无论是图像识别、文本分类还是推荐系统等领域,K 近邻模型都展现出了其独特的优势和价值。随着数据科学和机器学习技术的不断发展,相信 K 近邻模型未来将在更多领域发挥更大的作用。

2.估计误差与近似误差

估计误差与近似误差在机器学习中,特别是在 K 近邻算法中,扮演着举足轻重的角色。估计误差涉及系统误差、随机误差等多个方面,这些误差来源可能包括数据噪声、错误数据记录、不恰当的度量标准等。当 K 近邻算法中的 k 值较小时,这些因素对最终结果的影响尤为显著。因为小 k 值意味着目标点的分类决策更多地依赖于少数几个最近邻点,而这些点中可能包含噪点或错误数据,从而导致预测结果的偏差。相反,当 k 值较大时,这些不利因素会被相对平均化,从而减轻对最终结果的不良影响。这是因为大 k 值意味着更多的点被纳入决策过程,噪

点和错误数据的影响因此被稀释。与估计误差不同,近似误差关注的是预测结果
与最优误差之间的相似性。

2.1.4　K 均值

K 均值算法是一种广泛应用于数据聚类的算法,其核心思想在于通过迭代的
方式将数据划分为 K 个簇,每个簇由其内部数据点的平均值(即质心)来表示。在
实现 K 均值算法时,有几个关键环节需要注意。选择合适的簇个数 K 是至关重要
的。K 值的选择将直接影响聚类结果的精细程度和解释性。通常情况下,K 值需
要根据具体的数据集和业务需求来确定,过大或过小的 K 值都可能导致聚类效果
不佳。

计算样本点到簇中心的距离也是 K 均值算法中的一个重要步骤。这一步骤
通常采用欧几里得距离作为度量标准,但也可以根据实际情况选择其他距离度量
方式。通过计算每个样本点到各个簇中心的距离,可以确定每个样本点所属的
簇。在确定了每个样本点的归属后,需要根据新的簇划分来更新簇中心。这一步
骤通常通过计算每个簇内所有样本点的平均值来完成,新的簇中心将更加贴近簇
内数据的实际分布情况。K 均值算法的基本流程可以概括为:随机初始化 K 个簇
中心,然后根据距离将样本点划分到各个簇中,接着根据新的簇划分更新簇中心,
重复以上步骤直到簇中心不再发生明显变化。

K 均值算法在处理球状分布的数据时表现出色,且算法简单易懂,易于实现。
然而,它也存在一些明显的缺点。例如,K 值的选择缺乏明确的标准和可借鉴性,
需要根据经验和实际需求进行尝试和调整。此外,K 均值算法对异常偏离的数据
非常敏感,这些异常点可能会对簇中心的计算产生较大影响,从而导致聚类效果
不佳。因此,在使用 K 均值算法时,需要注意对数据进行预处理和清洗,以消除异
常点的影响。

2.1.5　马尔可夫链

马尔可夫链是指数学中具有马尔可夫性质的离散事件随机过程。

马尔可夫链收敛需要满足以下条件:

(1)可能的状态数是有限的。

（2）状态间的转移概率需要固定不变。

（3）能够从任意状态转移到另一任意状态。

（4）不能是简单的循环，如全是从 x 到 y 再从 y 到 x。

2.2　卷积神经网络

2.2.1　基本概念

卷积神经网络（CNN）是一种高效处理图像的前馈型神经网络，在图像识别和定位等领域展现出了卓越的性能。相较于其他神经网络架构，CNN 在参数需求上更为精简。这一特点归功于 CNN 独特的三大核心概念：局部感受野、权值共享和池化操作。局部感受野是 CNN 减少参数量的关键之一。传统的深度神经网络在处理图像时，会将每个像素点与每个神经元相连，导致参数量巨大。而 CNN 则采用了一种更为巧妙的方式，它将每个隐藏节点仅与图像的某个小区域相连，这样大大减少了需要训练的参数数量。以一张 1024 像素×720 像素的图像为例，若使用 9×9 大小的感受野，仅需 81 个权值参数，极大地提高了计算效率。权值共享是 CNN 减少参数量的另一重要手段。在卷积层中，神经元对应的权值是相同的，这意味着同一个卷积核在遍历整个图像时，其权值参数是保持不变的。这一特性使得 CNN 能够在减少参数量的同时，保留对图像特征的有效提取能力。池化操作则是 CNN 实现图像降维和特征提取的重要环节。由于待处理的图像通常尺寸较大，直接对原图进行分析不仅计算量大，而且可能并不必要。因此，CNN 采用类似于图像压缩的思路，在卷积之后引入池化层，通过下采样操作来调整图像大小。这样做不仅可以减少计算量，还能有效提取图像的主要特征，为后续的图像识别和分类任务提供更为紧凑和有用的信息。

2.2.2　发展历史

1.理论萌芽阶段

1962 年，Hubel 和 Wiesel 首次揭示了"感受野"这一重要概念。他们的研究深入探索了视觉信息如何从视网膜传递到大脑，并揭示了这一过程是通过多层次、复杂的感受野激发来完成的。这一发现为后来的神经科学和人工智能研究奠定了坚实的基础。仅仅过了不到 20 年,日本学者 Fukushima 便基于感受野的概念,提出了一个革命性的模型——神经认知机(Neocognitron)。这一模型是一个高度自组织的多层神经网络,其独特之处在于每一层的响应都是由上一层的局部感受野所激发的。这种机制使得神经认知机在模式识别方面表现出色,不受位置、较小形状变化以及尺度大小等因素的干扰。我们可以将神经认知机视为卷积神经网络的一个早期版本。它的核心思想在于将复杂的视觉系统进行模型化,从而能够模拟生物视觉的处理过程。更为重要的是,神经认知机在处理视觉信息时,能够克服位置、大小等变化所带来的挑战,这使得它在图像识别、物体检测等领域具有巨大的潜力。神经认知机的出现,不仅为人工智能领域带来了新的研究方向,也为后来的深度学习技术提供了宝贵的启示。它让我们认识到,通过模拟生物神经系统的运作方式,可以构建出更加强大、灵活和智能的机器学习模型。如今,卷积神经网络已经成为深度学习领域最为成功的模型之一,而神经认知机作为它的前身,无疑为这一辉煌成就奠定了坚实的基础。

2.实验发展阶段

Yann LeCun,这位计算机科学家,在机器学习和计算机视觉领域的贡献堪称卓越,被尊称为卷积神经网络之父。1998 年,他与团队共同提出的 LeNet5 模型,运用了基于梯度的反向传播算法,对网络进行了有监督的训练。这一创新性的方法,为后续的深度学习研究提供了坚实的基石。LeNet5 的独特之处在于其交替连接的卷积层和下采样层的设计。这种结构能够将输入的原始图像逐步转化为一系列的特征图,这些特征图随后被送入全连接的神经网络。通过这种方式,神经网络能够根据图像的特征进行有效的分类。感受野,作为卷积神经网络的核心概念,其重要性不言而喻。而卷积核,作为感受野的结构表现,同样在卷积神经网络中发挥着至关重要的作用。LeNet5 的成功应用,特别是在手写体识别方面的出色表现,使得学术界对卷积神经网络的关注度显著提升。随着卷积神经网络的不断发展,其在各个应用领域的研究也逐渐展开。在语音识别领域,卷积神经网络能够有效地提取语音信号中的特征,为语音识别任务提供强大的支持。在物体检测方面,卷积神经网络能够准确地识别和定位图像中的目标物体。而在人脸识别领域,卷积神经网络更是凭借其卓越的特征提取能力,成为人脸识别技术的核心。

3.大规模应用和深入研究阶段

自 LeNet5 问世以来,卷积神经网络在科研领域里持续演进,然而其真正的突破性进展要归功于 2012 年 Krizhevsky 等人提出的 AlexNet。这一创新性的网络架构在 ImageNet 的训练集上一举夺魁,图像分类的精准度令人瞩目,从而确立了卷积神经网络在深度学习领域的核心地位。AlexNet 的成功激发了全球科研人员的热情,此后,众多新型的卷积神经网络如雨后春笋般涌现。牛津大学的 VGG、微软的 ResNet、谷歌的 GoogLeNet 等网络相继被提出,这些网络的卓越性能推动了卷积神经网络的商业化进程。如今,从社交媒体到医疗诊断,从安全监控到自动驾驶,卷积神经网络已广泛应用于各个图像相关的领域。展望未来,卷积神经网络的发展潜力依然巨大。随着技术的不断进步,我们将看到更多针对特定应用场景优化的网络架构出现。例如,面向视频理解的 3D 卷积神经网络有望在未来几年内取得重大突破。此外,卷积神经网络的应用范围也将进一步拓宽,不仅局限于图像领域,还将渗透到更多与图像相似的复杂网络中,如棋盘游戏的策略分析等。

2.2.3　基本原理

卷积层,作为卷积神经网络的核心组件,扮演着至关重要的角色。在图像识别的领域中,我们所说的卷积往往是二维卷积。简而言之,这是一个将离散二维滤波器,也被称为卷积核,与二维图像进行卷积操作的过程。在这个过程中,二维滤波器会遍历图像的每一个位置,与每个像素点及其周边像素点进行内积运算。这种卷积操作在图像处理中得到了广泛应用,因为不同的卷积核能够捕捉到图像中不同的特征,如边缘、线条和角点等。在深度卷积神经网络中,卷积操作更是能够逐层提取出从简单到复杂的图像特征。

局部连接是卷积层的一个重要特性。这意味着每个神经元只与输入神经元的一小部分区域相连,这个区域被称为感受野。在二维图像中,局部像素之间的关联性通常较强。这种连接方式的设计灵感来源于生物学中的视觉系统结构,其中视觉皮层的神经元也是局部接收信息的。局部连接确保了学习得到的过滤器能够对局部输入特征产生强烈的响应,从而提高了特征提取的效果。

2.3 循环神经网络

2.3.1 基本概念

循环神经网络(Recurrent Neural Network, RNN)是一种颇具特色的神经网络架构,其设计理念深受"人类认知建立在过去经验与记忆之上"这一观念的影响。与深度神经网络(DNN)和卷积神经网络(CNN)相比,RNN 的独特之处在于它不仅关注当前时刻的输入信息,还具备记忆先前内容的能力。在 RNN 中,序列数据的当前输出与之前的输出紧密相连。这种关联性体现在 RNN 对先前信息的存储与运用上:它会将过往信息记忆下来,并在计算当前输出时加以利用。具体而言,RNN 的隐藏层节点并非孤立存在,而是相互连接的。这种连接方式意味着隐藏层的输入不仅包含来自输入层的输出信息,还融合了上一时刻隐藏层的输出信息。这种记忆机制使得 RNN 在处理序列数据时具有显著优势。无论是文本、语音还是时间序列数据,RNN 都能通过捕捉序列中的依赖关系来提取有价值的特征。因此,RNN 在自然语言处理、语音识别、机器翻译等领域得到了广泛应用。此外,RNN 的变种如长短期记忆网络(LSTM)和门控循环单元(GRU)等进一步提高了记忆能力,解决了长序列依赖问题。这些改进使得 RNN 在处理更长、更复杂的序列数据时也能保持出色的性能。RNN 的结构如图 2-5 所示。

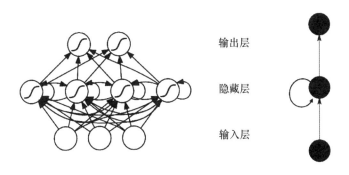

输出层

隐藏层

输入层

图 2-5 RNN 结构图

RNN 层级结构较 CNN 来说比较简单,它主要由输入层、隐藏层和输出层组成。隐藏层有一个表示数据循环更新的箭头,这就是实现时间记忆功能的方法。

2.3.2　Hopfield 神经网络

Hopfield 神经网络是一种独特的神经网络模型,其运作原理与传统的训练式神经网络截然不同。在此类网络中,权值并非通过训练过程获得,而是依据特定的规则进行计算得出。一旦权值被确定,它们将保持不变。网络中的神经元状态在运行中不断演变,当网络达到稳定状态时,各神经元的状态便构成了问题的解答。Hopfield 神经网络包含两种主要类型:离散型和连续型,分别被命名为 DHNN(Discrete Hopfield Neural Network)和 CHNN(Continues Hopfield Neural Network)。本节将重点探讨 DHNN 的特性与运作方式。DHNN 遵循神经动力学的原理进行工作,其工作过程可视为状态的不断演化。初始状态按照能量减少的方式逐渐变化,最终会达到一个稳定的状态。神经动力学可进一步分为确定性神经动力学和统计性神经动力学。在确定性神经动力学中,神经网络的行为被视为确定的,可以通过非线性微分方程来描述。这些方程的解以概率的形式给出,为网络状态的变化提供了理论基础。

网络从初始状态开始运作,如果经过有限次的递归计算后,网络的状态不再发生任何变化,那么我们称这个网络是稳定的。稳定的网络具有从任意初始状态收敛到稳态的能力,这是其重要特性之一。然而,如果网络不稳定,由于其神经元状态仅限于 0 和 1 两种可能,网络整体并不会出现发散的情况。相反,它可能会陷入一种限幅的自持振荡状态,这类网络被称为有限循环网络。另一种可能性是网络状态既不会重复也不会停止,即状态变化无穷无尽,这种情况被称为混沌现象。

DHNN 的稳定性和动态行为是其在实际应用中发挥重要作用的关键因素。通过合理设置网络参数和初始状态,我们可以利用 DHNN 解决各种问题,如优化计算、联想记忆和模式识别等。此外,对 DHNN 的深入研究还有助于我们更好地理解神经网络的工作原理,为开发更高效的神经网络模型提供有力支持。

2.3.3　玻尔兹曼机

在学习或训练阶段,随机神经网络并不依赖于某种确定的算法来精确地调整其权值。相反,它采用了更为灵活的方法,即根据某种概率分布来修改权值。这与我们常见的 Hopfield 神经网络形成了鲜明的对比,因为 Hopfield 网络的权值是通过特定的算法一步到位地确定的。而玻尔兹曼机则更像 BP 神经网络,每次训练都会引发权值的改变,但这种改变是基于概率的,而非确定的。在网络的运行或预测阶段,随机神经网络同样展现出了其独特性。它并不遵循某种固定的网络方程来确定其状态的演变,而是依赖于某种概率分布来决定其状态的转移。这意味着,神经元的净输入并不能直接决定其状态是取 1 还是取 0,但它可以影响取 1或取 0 的概率。这一原理构成了随机神经网络算法的核心。

玻尔兹曼机在运行过程中,其网络状态的不断演变总是趋向于使网络能量在概率意义上减小。尽管如此,我们也不能忽视在某些神经元状态下,网络可能会按照较小的概率取值,从而导致网络能量暂时增加。这种可能性为玻尔兹曼机赋予了从局部极小的低谷中"跳跃"出来的能力,这也是它与 DHNN 网络在能量变化上的根本区别。玻尔兹曼机的这种特性使其在面临复杂的优化问题时,能够更有效地寻找全局最优解,而非仅仅陷入局部最优。玻尔兹曼机与 DHNN 网络能量变化如图 2-6 所示。

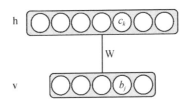

图 2-6　玻尔兹曼机与 DHNN 网络能量变化

图 2-6 中的 v 为输入层,h 为隐藏层,输入层一般是二进制数的,故接下来只讨论二进制数的输入。

2.3.4　受限玻尔兹曼机

受限玻尔兹曼机(Restricted Boltzmann Machines,RBM)是一类具有两层结构、对称连接且无自反馈的随机神经网络模型,层间全连接,层内无连接。玻尔兹曼机对比如图 2-7 所示。

玻尔兹曼机与受限玻尔兹曼机在计算量上的差异,源于它们内部连接模式的不同。玻尔兹曼机模型是一个全连接的神经网络,其输入层和隐藏层中的每个神

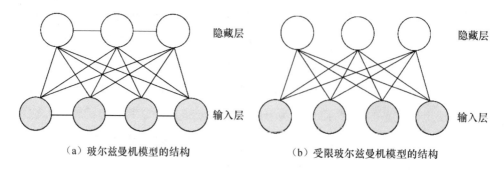

（a）玻尔兹曼机模型的结构 　　（b）受限玻尔兹曼机模型的结构

图 2-7　玻尔兹曼机对比

经元都与对方层中的所有神经元相连。这种密集的连接模式导致在计算联合概率时，必须考虑所有神经元之间的相互影响，从而增强了计算的复杂性。相反，受限玻尔兹曼机模型采用了相互独立的连接策略，其输入层和隐藏层内部的神经元之间没有连接。这种独立性使得在计算联合概率时，可以分别计算每个神经元的概率，然后将它们相乘。这种分而治之的方法显著降低了计算量，提高了计算效率。除了连接模式的不同，受限玻尔兹曼机还采用了一种名为对比散度（CD）的高效学习算法。这种算法通过引入一种近似方法，避免了在训练过程中进行耗时的全局概率计算。它利用 Gibbs 采样技术，从受限玻尔兹曼机所表示的分布中生成随机样本，然后通过这些样本来近似计算梯度。这种方法不仅加快了学习速度，还使得受限玻尔兹曼机能够在有限的计算资源下处理大规模数据集。

2.4　机器学习与 Python

2.4.1　Python 发展历史

Python，这门如今在编程界占据重要地位的语言，拥有一段丰富而独特的发展历史。从其诞生之初的简单构想，到如今的全球范围内广泛应用，Python 的旅程充满了变革与创新。

Python 的起源可以追溯到 20 世纪 80 年代末，由 Guido van Rossum 在荷兰国家数学与计算机科学研究中心（CWI）工作期间创造。Guido 的初衷是设计一种易于阅读、编写和理解的编程语言,同时要足够强大,能够支持复杂的应用开发。他借鉴了多种编程语言的元素,包括 ABC、Modula-3 和 C 等,并将这些语言的优秀特性融入 Python 之中。1991 年,Python 的第一个版本正式发布。这个版本相对简单,但已经展现出了 Python 清晰、直观的语法风格和强大的编程能力。随着版本的迭代,Python 逐渐加入了更多的功能,如支持面向对象编程、异常处理、模块和包等,使其变得更加完善和成熟。进入 21 世纪,Python 的发展迎来了新的高潮。随着互联网和 Web 技术的快速发展,Python 因其简洁明了的语法和丰富的库支持,成了 Web 开发的重要语言之一。Django 等 Web 框架的兴起,进一步推动了 Python 在 Web 领域的广泛应用。

除了 Web 开发,Python 还逐渐渗透到了科学计算、数据分析、人工智能等多个领域。NumPy、Pandas 等科学计算和数据处理库的出现,使得 Python 成了数据科学家和研究员的首选工具。同时,TensorFlow、PyTorch 等深度学习框架的兴起,更是将 Python 推向了人工智能领域的前沿,Python 的流行也带动了其社区和生态系统的蓬勃发展。Python 软件包索引(PyPI)上积累了大量的第三方库和工具,这些库和工具几乎覆盖了编程的各个领域,使得 Python 开发者能够轻松地找到所需的功能和资源。此外,Python 还拥有活跃的社区和论坛,开发者可以在这些平台上交流经验、分享代码、解决问题。

在 Python 的发展过程中,Guido van Rossum 一直扮演着重要的角色。他不仅是 Python 的创造者,还是 Python 社区的精神领袖。在他的引领下,Python 保持了稳定而持续的发展,不断适应着编程领域的变化和需求。如今,Python 已经成了一门广受欢迎的编程语言。无论是初学者还是资深开发者,都能在 Python 中找到适合自己的编程乐趣。Python 的简单、易学和强大,使得它成了编程教育的重要语言之一,许多学校和教育机构都将 Python 作为编程入门课程的首选语言。回顾 Python 的发展历史,我们可以看到一个编程语言如何从简单的构想成长为全球范围内的重要力量。Python 的成功不仅归功于其创造者的智慧和努力,也归功于广大开发者的热情和支持。在未来,随着技术的不断进步和应用领域的不断拓展,Python 将继续书写其辉煌的篇章。例如,下面这段来自 Wikipedia 的用 ABC 语言编写的程序,用于统计文本中出现的词(word)的总数。

```
HOW TO RETURN words document：
    PUT ｛｝ IN collection
    FOR line IN document：
        FOR word IN split line：
            IF word not.in collection：
                INSERT word IN collection
    RETURN collection
```

尽管 ABC 语言在读写上的友好性为人们所认可,但它未能在编程界广泛流行。其背后的原因既包括了硬件条件的限制,也与语言设计本身的不足有关。当时,要运行 ABC 语言的编译器,用户需要拥有配置较高的计算机。然而,这些高端计算机的用户往往是技术精湛的计算机专家,他们在选择编程语言时,更看重的是程序的执行效率,而不是学习语言的难易程度。

1989 年,Guido 着手编写 Python 编译器,他的愿景是创造一种既强大又易学的编程语言,这种语言能够完美融合 C 语言的全面功能与 Shell 的易用性。经过两年的不懈努力,1991 年,Python 的第一个版本终于诞生,这是一个集编译器与解释器于一身的杰作。这款 Python 编译器是以 C 语言为基础打造的,因此它能够轻松调用 C 语言库,实现与 C 语言的深度交互。Python 在诞生之初就具备了丰富的特性,如面向对象编程的类(class)、函数(function)、异常处理(exception)等,还拥有包括列表(list)和字典(dictionary)在内的核心数据类型。更重要的是,Python 采用了以模块(module)为基础的拓展系统,这使得它的拓展性极强,能够满足各种复杂的编程需求。在语法上,Python 既继承了 C 语言的经典元素,又吸收了 ABC 语言的精髓。虽然一些来自 ABC 语言的语法规则至今仍存在争议,如强制性的代码缩进,但这些规则无疑增强了 Python 代码的可读性和美观性。与此同时,Python 也遵循了许多编程惯例,特别是 C 语言的惯例,如使用等号进行赋值、使用 def 关键字定义函数等。Guido 坚信,这些"常识"性的规则无须过多纠结,它们已经成为编程世界中的通用语言。Python 的可拓展性是其核心优势之一。无论是在高层还是底层,Python 都提供了灵活的拓展方式。在高层,程序员可以通过引入.py 文件来拓展 Python 的功能;在底层,他们可以利用 C 语言库来提升 Python 的性能。这种多层次的拓展机制使得 Python 既能够适应各种应用场景,又能充分发挥程序员的创造力。最初的 Python 完全由 Guido 一人独立开发完成,但它很快就得到了同事们的热烈欢迎和支持。他们积极向 Guido 反馈 Python 的使用体验和改进建议,并参与到 Python 的后续开发中。Python 将许多底层细节隐藏起来并交由编译器处理,这使得 Python 程序员能够将更多精力投入到程序逻辑的思考上,而不是陷入烦琐的实现细节中。这一特点吸引了越来越多的程序员加入Python 的大家庭,共同推动 Python 的发展壮大。

在 20 世纪 90 年代初,随着个人计算机逐渐进入千家万户,计算机技术迎来了一个崭新的时代。Intel 公司发布了强大的 486 处理器,而 Windows 操作系统也推出了具有里程碑意义的 Window 3.0 版本。这些技术的革新使得计算机的性能得到了前所未有的提升,满足了大多数人对计算机的基本需求。随着硬件技术的飞速发展,硬件厂商们开始渴望有高需求的软件来推动硬件的更新换代,从而进一步拓展市场。在这个时期,C++和 Java 这两种编程语言开始崭露头角。它们提供了面向对象的编程范式以及丰富的对象库,使得程序员在牺牲一定性能的情况下,能够大大提高程序的开发效率。语言的易用性成了一个重要的衡量标准,而C++和 Java 正是这方面的佼佼者。它们的流行不仅推动了软件开发的进步,也为后来的编程语言发展奠定了基础。与此同时,互联网也在悄然发生着变化。尽管以互联网为主体的信息革命尚未全面到来,但许多程序员和资深计算机用户已经开始频繁地利用互联网进行交流。这种交流方式的兴起使得信息交流的成本大大降低,也为后来的开源软件开发模式提供了可能。在这个时期,开源软件开始成为一种流行的开发模式。程序员们利用业余时间进行软件开发,并开放源代码,供其他人学习和使用。

在 2022 年 10 月 TIOBE 排名中,Python 排在第一位(见图 2-8),在开发者使用的语言中所占比重越来越大。

2.4.2　应用领域

Python,这门多年来在编程语言排行榜上一直名列前茅的语言,以其广泛的应用领域和简洁易懂的特性,吸引了无数开发者的目光。无论是网站和桌面应用的开发,还是自动化脚本的编写,抑或复杂计算系统和科学计算的领域,Python 都能展现出其强大的实力。更值得一提的是,在生命支持管理系统、物联网、游戏开

Oct 2022	Oct 2021	Change		Programming Language	Ratings	Change
1	1			Python	17.08%	+5.81%
2	2			C	15.21%	+4.05%
3	3			Java	12.84%	+2.38%
4	4			C++	9.92%	+2.42%
5	5			C#	4.42%	-0.84%
6	6			Visual Basic	3.95%	-1.29%
7	7			JavaScript	2.74%	+0.55%
8	10	^		Assembly language	2.39%	+0.33%
9	9			PHP	2.04%	-0.06%
10	8	∨		SQL	1.78%	-0.39%

图 2-8　2022 年 10 月 TIOBE 排名

发、机器人技术,以及自然语言处理等前沿领域,Python 也有着广泛的应用,极大地提升了程序员的开发效率。对于没有开发经验的人来说,Python 的程序代码简洁易懂,上手难度低。这种简洁性不仅体现在代码的编写上,更体现在后期程序的维护上。与其他编程语言相比,Python 程序的维护更加容易,这无疑为企业和个人节省了大量的时间和精力。从商业角度来看,Python 的低成本和高效率使得它成为众多企业的首选。在如今这个竞争激烈的时代,企业需要在保证质量的同时,尽可能地降低成本和提高效率。而 Python 正好满足了这一需求,它让程序员能够更快速地开发出高质量的软件产品,从而为企业创造更多的价值。

　　Python 与人工智能之间的深厚联系,更是让人惊叹。随着人工智能的迅猛发展,Python 作为其重要的编程语言之一,越来越受到人们的关注。谷歌的 TensorFlow 等深度学习框架中的程序大量使用了 Python 语言,这足以说明 Python 在人工智能领域的重要地位。虽然 C++等语言在运行速度上具有优势,但从开发效率的角度来看,Python 无疑是最佳的选择。它易学的特点使得科学家们能够快速上手并进行各种复杂的计算和模拟实验。这些实验不仅推动了科学研究的进步,也为 Python 积累了大量的工具库和架构。

2.4.3　常用数据类型

在计算机科学的世界中,程序是实现特定功能或解决特定问题的一组指令的集合。这些指令通过程序设计语言来编写,它们告诉计算机应该执行哪些操作以及如何处理数据。在低级编程语言如机器语言和汇编语言中,程序表现为一系列有序的指令和数据。而在高级编程语言中,程序则通过更为抽象和易于理解的语句和说明来构建。而要想让程序真正发挥作用,它必须被加载到计算机的内存中,并由计算机的中央处理器执行。这就引出了我们经常提到的两个概念:软件和程序。尽管这两个词在某些情境下可以互换使用,但它们实际上并不是一回事。

软件是一个更广泛的概念,它包含了程序和与之相关的文档。程序是软件的核心组成部分,它描述了计算机应该如何处理数据以及执行哪些操作。而文档则是程序的辅助资料,它提供了关于程序如何使用、如何设计以及如何实现的信息。这些文档对于用户和开发者来说都非常重要,因为它们可以帮助人们更好地理解和使用程序。当我们谈论获得新软件时,我们实际上是指获得了一组新的程序和文档。这些软件可以帮助我们完成各种各样的计算任务,比如处理数字、文字、图形、图像和声音等数据,或者执行复杂的函数运算和逻辑判断等操作。无论是绘图软件还是文字处理软件,它们都是通过程序和文档的组合来实现其功能的。程序的质量对于软件的质量至关重要。一个优秀的程序应该具备高效、可靠、易维护和可扩展等特点。为了评估程序的质量,我们不仅需要对其结构进行静态分析,还需要对其执行过程进行动态测试。这些测试可以帮助我们发现程序中的错误和不足之处,并对其进行改进和优化。

1.数值类型

Python 的 Number 类型用于存储数值。

Number 类型的值是不允许改变的,如果改变 Number 类型的值,将重新分配内存空间。

在变量赋值时,Number 对象将被创建,比如:

```
var1 = 1
var2 = 10
```

可以使用 del 语句删除 Number 对象引用,del 语句的语法如下:

```
del var1[ , var2[ , var3[ , …, varN]]]
```

可以使用 del 语句删除单个或多个对象,比如:

```
del var
del var_a, var_b
```

Python 支持四种不同的数值类型:

(1)整型(int)——通常被称为整型或整数,是正整数或负整数,不带小数点。

(2)长整型(long integers)——无限大小的整数,整数最后是一个大写的 L 或小写的 l。

(3)浮点型(floating point real values)——由整数部分与小数部分组成,也可以使用科学记数法表示,如 $2.5e2 = 2.5 \times 10^2 = 250$。

(4)复数(complex numbers)——由实数部分和虚数部分构成,可以用 a + bj 或 complex(a,b)表示,复数的实部 a 和虚部 b 都是浮点型。

Python 中数学运算常用的函数基本都在 math 模块和 cmath 模块中。math 模块提供了许多对浮点数的数学运算函数,cmath 模块提供了一些用于复数运算的函数。

cmath 模块的函数与 math 模块的函数基本一致,区别是 cmath 模块的运算是复数运算,math 模块的运算是数学运算。

使用 math 函数或 cmath 函数必须先导入 import cmath,程序示例:

```
import cmath
cmath.sqrt(-1)
1j
cmath.sqrt(9)
(3+0j)
cmath.sin(1)
(0.8414709848078965+0j)
```

```
cmath.log10(100)
(2+0j)
```

2.字符串类型

用 String 类型表示字符串类型,具体有以下几种方法。

(1)使用单引号"'"。

用单引号将字符括起来表示字符串,比如:

```
str='this is string'
print str
```

(2)使用双引号"" ""。

利用双引号表示字符串与利用单引号表示字符串的方法完全相同,比如:

```
str="this is string"
print str
```

(3)使用三引号"'''"。

利用三引号表示多行字符串,三引号中可以自由地使用单引号和双引号,
比如:

```
str='''this is string
this is pythod string
this is string'''
print(str)
```

3.序列类型

Sequence(序列)是一组有序元素的集合,分为两种:Tuple 和 List。我们将在
下文进行详细介绍。

(1)Tuple 类型。Tuple 类型又称元组,Python 的元组与列表类似,不同之处在
于元组中的元素不能修改;元组使用"()",列表使用方括号。元组的创建很简单,
只需要在括号中添加元素,并使用","隔开即可,比如:

```
tup1 = ('physics','chemistry',1997,2000)
tup2 = (1,2,3,4,5)
tup3 = "a","b","c","d"
```

创建空元组：

```
tup = ( )
```

当元组中只有一个元素时,需要在元素后面添加逗号,比如：

```
tup1 = (50,)
```

元组与 String 类型类似,下标索引从 0 开始,可以进行截取、组合等操作。

元组内置函数如下所示。

cmp(tuple1,tuple2)：比较两个元组元素。

len(tuple)：计算元组元素个数。

max(tuple)：返回元组中元素最大值。

min(tuple)：返回元组中元素最小值。

tuple(seq)：将列表转换为元组。

(2)List 类型。序列是 Python 最基本的数据结构。序列中的每个元素都会被分配一个数字,该数字表示序列的位置或索引,第一个索引是 0,第二个索引是 1,依此类推。

Python 有 6 个序列内置类型,但最常见的是列表(List 类型)和元组。

所有序列都可以进行的操作有索引、切片、加、乘、检查成员。

Python 已经内置了确定序列的长度以及确定最大和最小元素的方法。

列表是最常用的 Python 数据类型,其数据项不需要具有相同的类型

创建一个列表,只要把用逗号分隔的不同的数据项使用方括号括起来即可,如下所示：

```
list1 = ['physics', 'chemistry', 1997, 2000]
list2 = [1, 2, 3, 4, 5]
```

常用的列表函数和方法如下所示。

list.append(obj)：在列表末尾添加新的对象。

list.count(obj)：统计某个元素在列表中出现的次数。

list.extend(seq)：在列表末尾一次性追加多个另一个序列中的值(用新列表扩展原来的列表)。

list.index(obj)：从列表中找出某个值第一个匹配项的索引位置,下标索引从 0

开始。

list.insert(index,obj):将对象插入列表。

list.pop(obj=list):移除列表中的一个元素(默认值为移除最后一个元素),并且返回该元素的值。

list.remove(obj):移除列表中某个值的第一个匹配项。

list.reverse():反向列表中元素,倒转。

list.sort():对原列表进行排序。

4.集合类型

Python 的 Set(集合)类型和其他语言的 Set 类型类似,是一个无序不重复元素集,基本功能包括关系测试和消除重复元素。集合对象支持 union(联合)、intersection(交)、difference(差)和 symmetric difference(对称差集)等数学运算。

Set 类型支持 x in set、len(set)和 for x in set 操作。作为一个无序的集合,Set 类型不记录元素位置或者插入点,因此,Set 类型不支持 indexing、slicing 或其他类序列(sequence-like)的操作。

例 1:

```
>>> x = set('spam')
>>> y = set()
>>> x, y
(set(), set())
```

例 2:

```
>>> x & y # 交集
set()
```

例 3:

```
>>> x | y # 并集
set()
```

例 4:

```
>>> x - y # 差集
```

```
set( )
```

5.字典类型

(1)字典概述。

Dictionary(字典)是除列表外 Python 中最灵活的内置数据结构类型。列表是有序的对象结合,字典是无序的对象集合。两者之间的区别在于:字典中的元素是通过键来存取的,而不是通过偏移来存取的。

字典又被称作关联数组,由键和对应的值组成,基本语法如下:

```
dict = {'Alice': '2341', 'Beth': '9102', 'Cecil': '3258'}
```

可通过如下语法创建字典:

```
dict1 = { 'abc': 456 }
dict2 = { 'abc': 123,98.6: 37 }
```

键与值间必须用冒号":"隔开,各键/值对间用逗号隔开,所有键/值对应放在花括号"{}"中。键必须是独一无二的,值则不必;值可以取任何数据类型,但必须是不可变的,如数或元组。

(2)访问字典里的值。

如下程序是一个访问字典里的值的例子:

```
#! /usr/bin/Python
dict = {'name': 'Zara','age': 7, 'class': 'First'}
print ("dict: ", dict)
print ("dict: ", dict)
```

(3)修改字典。

对字典进行修改的方法有增加新的键/值对、修改或删除已有键/值对,实例如下:

```
#! /usr/bin/Python
dict = {'name': 'Zara', 'age': 7, 'class': 'First'}
dict = 27          #修改已有键/值对
dict = "wutong"    #增加新的键/值对
print( "dict: ", dict)
```

（4）删除字典。

del dict['name']表示删除键是'name'的条目,dict.clear()表示清空词典中的所有条目,del dict 表示删除词典,比如:

```
#! /usr/bin/Python
dict = {'name': 'Zara', 'age': 7, 'class': 'First'}
del dict
#dict {'age': 7, 'class': 'First'}
print ("dict" , dict)
```

注意:如果字典不存在,del 会引发一个异常。

（5）字典内置函数和方法。

cmp(dict1,dict2):比较两个字典中的元素。

len(dict):计算字典中的元素个数,即键的总数。

str(dict):输出字典可打印的字符串。

type(variable):返回输入的变量类型,如果变量是字典就返回字典类型。

radiansdict.clear():删除字典内的所有元素。

radiansdict.copy():返回一个字典的浅复制。

radiansdict.fromkeys(seq[,val]):创建一个新字典,将序列 seq 中的元素作为字典的键,val 作为字典所有键对应的初始值。

radiansdict.get(key,default=None):返回指定键的值,如果值不在字典中,则返回 default 值。

radiansdict.has_key(key):如果键在字典 dict 里。则返回 true,否则返回 false。

radiansdict.items():以列表形式返回可遍历的元组数组。

radiansdict.keys():以列表形式返回一个字典中的所有键。

radiansdict.setdefault(key,default=None):和 get()类似,但如果键已经不存在于字典中,那么将会添加键并将值设为 default。

radiansdict.update(dict2):把字典 dict2 的键/值对更新到 dict 里。

radiansdict.values():以列表形式返回字典中的所有值。

2.4.4　流程控制

1.条件语句

if 条件语句是通过一条或多条语句的执行结果(true 或者 false)来决定执行的程序块的,比如:

```
#! /usr/bin/env Python
# - * - coding：encoding - * -
name = input('请输入用户名:')
if name == "admin"：
    print "超级管理员"
elif name == "user"：
    print "普通用户"
elif name == "guest"：
    print "客人"
else：
    print "不认识你"
```

每个条件后面都要添加冒号":",表示接下来是满足条件后要执行的语句块。

使用缩进来划分语句块,相同缩进数的语句组成一个语句块。

在 if 嵌套语句中,可以把 if…elif…else 结构放在另外一个 if…elif…else 结构中,比如:

```
if 表达式 1：
    语句
    if 表达式 2：
        语句
    elif 表达式 3：
        语句
    else
        语句
elif 表达式 4：
    语句
```

```
else：
    语句
```

Python 中没有 switch…case 语句。

2.循环语句

（1）while 循环。

while 循环是只要符合条件（条件语句返回的是 true），就循环执行某个程序块，比如：

```
#！/usr/bin/Python
count = 0
while count < 5：
    print（count，" 小于 5"）
    count = count + 1
else：
    print（count，" 大于或等于 5"）
```

（2）for 循环。

for 循环常常使用 in 对序列化对象（如列表、元组等）进行遍历，for 循环的一般格式如下：

```
for i in range（5）：
    print（i）
```

（3）break 和 continue 语句及循环中的 else 子句。

break 语句可以跳出 for 和 while 循环体。如果你从 for 或 while 循环中终止，那么任何对应的 else 循环将不再执行。

例1：

```
#！/usr/bin/Python3
for letter in 'Runoob'：         # 第一个实例
    if letter == 'b'：
        break
    print（' 当前字母为 ：'，letter）
```

```
var = 10                    # 第二个实例
while var > 0:
    print ('当期变量值为 :', var)
    var = var -1
    if var == 5:
        break
print ("Good bye!")
```

例 2：

```
#! /usr/bin/Python3
for letter in 'Runoob':      # 第一个实例
    if letter == 'o':           # 字母为 o 时跳过输出
        continue
    print ('当前字母 :', letter)
var = 10                     # 第二个实例
while var > 0:
    var = var -1
    if var == 5:              # 变量为 5 时跳过输出
        continue
    print ('当前变量值 :', var)
print ("Good bye!")
```

循环语句中可以有 else 子句,它在穷尽列表(for 循环)或条件变为 false(while 循环)导致循环终止时执行,但在循环被 break 终止时不执行。

例 3：

```
#! /usr/bin/Python3
for n in range(2, 10):
    for x in range(2, n):
        if n % x == 0:
            print(n, '等于', x, '*', n//x)
            break
    else:
```

```
    # 循环中没有找到元素
    print( n, '是质数')
```

例 4:for 循环和 if 循环结合案例

题目:1、2、3、4 四个数字能组成多少个互不相同且无重复数字的三位数? 各是多少?

程序分析:可填在百位、十位、个位的数字都是 1、2、3、4,得到所有排列后再去掉不满足条件的排列。

程序源代码如下:

```
for i in range(1,5):
    for j in range(1,5):
        for k in range(1,5):
            if( i ! = k ) and ( i ! = j) and ( j ! = k):
                print i,j,k
```

2.4.5　函数

1.函数定义

函数是组织好的,可重复使用的,用来实现单一或关联功能的程序块。函数能提高应用的模块性和程序的重复利用率。Python 提供了许多内建函数,如 print();也支持用户创建函数,这种函数被叫作用户自定义函数。

定义一个有自己想要功能的函数的简单规则如下:

(1)函数程序块以 def 关键词开头,后接函数标识符名称和“( )”。

(2)任何传入参数和自变量必须放在“( )”中,“( )”间的内容用于定义参数。

(3)函数的第一行语句可以选择性地使用文档字符串(用于存放函数说明)。

(4)函数内容以冒号开始,并且有缩进。

(5)用 return 结束函数,选择性地返回一个值给调用方。不带表达式的 return 相当于返回 None。

语法如下所示:

```
def functionname( parameters ):
    "函数_文档字符串"
```

```
function_suite
return
```

如下是一个简单的 Python 函数,它将一个字符串作为传入参数,然后将该参数打印到标准显示设备上。

```
def printme( str ):
    "打印传入的字符串到标准显示设备上"
    print (str)
    return
```

2.函数调用与参数传递

1)函数调用

定义一个函数只是给了函数一个名称,指定了函数中包含的参数和程序块结构。

在完成函数基本结构的定义后,可以通过另一个函数来调用执行该函数,也可以直接通过 Python 提示符来执行该函数。

以下实例调用了 printme( )函数:

```
#! /usr/bin/Python
# - * - coding: UTF-8 - * -
# 定义函数
def printme( str ):
    "打印任何传入的字符串"
    print (str)
    return
# 调用函数
printme("我要调用用户自定义函数!");
printme("再次调用同一函数");
```

以上实例输出结果如下:

```
我要调用用户自定义函数!
再次调用同一函数
```

2)参数传递

在 Python 中,对象是有类型的,变量是没有类型的。

Python 中的 String、元组和 Number 类型的对象是不可修改的,而列表、字典类型的对象是可修改的。

不可变类型:变量赋值 a = 5 后再赋值 a = 10,实际上是新生成一个整型对象 10,再让 a 指向它,而 5 被丢弃,相当于新生成了 a。

可变类型:变量赋值 la[2] = 1 后再赋值 la[2] = 5,则是将 list la 的第三个元素的值修改了,la 本身没有动,只是其一部分内部的值被修改了。

不可变类型的参数传递类似 C++ 的值传递,如 String、元组。例如,fun(a) 传递的只是 a 的值,没有影响 a 本身,如果在 fun(a) 内部修改 a 的值,只是修改其复制的对象,不会影响 a 本身。

可变类型的参数传递类似 C++ 的引用传递,如列表、字典。例如,fun(la) 是将 la 真正地传过去,修改后 fun 外部的 la 也会受影响。

Python 中的一切都是对象,严格意义上来讲不能说是值传递还是引用传递,而应该说传不可变对象和传可变对象。

Python 传不可变对象实例:

```
#! /usr/bin/Python
# -*- coding: UTF-8 -*-
def ChangeInt( a ):
    a = 10
b = 2
ChangeInt(b)
print (b)# 结果是 2
```

实例中有 int 对象 2,指向它的变量是 b,在传递给 ChangeInt 函数时,按传值的方式复制了变量 b,a 和 b 都指向同一个 int 对象。当 a = 10 时,新生成一个 int 对象 10,并让 a 指向它。

传可变对象实例如下:

```
#! /usr/bin/Python
# -*- coding: UTF-8 -*-
```

```
# 可写函数说明 7def changeme（ mylist ）：
    "修改传入的列表"
    mylist.append（"123"）;
    print（"函数内取值：", mylist）
    return
# 调用 changeme 函数
mylist = "123";
changeme（ mylist ）;
print（"函数外取值：", mylist）
```

实例中传入函数和在末尾添加新内容的对象用的是同一个引用,故输出结果如下：

```
函数内取值：  123123
函数外取值：  123123
```

3）参数

以下是调用函数时可使用的正式参数类型。

（1）必备参数。必备参数须以正确的顺序传入函数。调用参数的数量必须与声明的一样。

调用 printme（）函数必须传入一个参数,否则会出现语法错误：

```
#! /usr/bin/Python
# - * - coding：UTF-8 - * -
#可写函数说明
def printme（ str ）：
    "打印任何传入的字符串"
    print（str）
    return

#调用 printme 函数
printme（）;
```

以上实例输出结果如下：

```
Traceback（most recent call last）:
  File "test.py", line 11, in <module>
    printme();
TypeError: printme() takes exactly 1 argument（0 given）
```

（2）关键字参数。关键字参数和函数调用关系密切,函数调用使用关键字参数来确定传入的参数值。

在使用关键字参数允许函数调用时,参数的顺序可以与声明时的参数顺序不一致,因为 Python 解释器能够用参数名匹配参数值。

调用函数 printme()时使用的参数名的实例如下:

```
#! /usr/bin/Python
# - * - coding: UTF-8 - * -
#可写函数说明
def printme( str ):
    "打印任何传入的字符串"
    print（str）
    return
#调用 printme 函数
printme( str = "My string" );
```

以上实例输出结果如下:

```
My string
```

（3）默认参数。调用函数时,默认参数的值如果没有传入,则认为其值是默认值。例如,如果 age 没有传入,如下实例将会输出默认的 age 值。

```
#! /usr/bin/Python
# - * - coding: UTF-8 - * -
#可写函数说明
def printinfo( name, age = 35 ):
    "打印任何传入的字符串"
    print（"Name:", name）
    print（"Age ", age）
```

```
    return
#调用 printinfo 函数
printinfo（ age=50, name="miki"）;
printinfo（ name="miki"）;
```

以上实例输出结果如下：

```
Name： miki
Age   50
Name： miki
Age   35
```

return 语句用于退出函数,选择性地向调用方返回一个表达式。不带参数值的 return 语句将返回 None。如下实例将示范如何返回数值。

```
#! /usr/bin/Python
# -*- coding: UTF-8 -*-
# 可写函数说明
def sum（ arg1, arg2）:
    # 返回 2 个参数的和
    total = arg1 + arg2
    print（"函数内 : ", total）
    return total
# 调用 sum 函数
total = sum（ 10, 20）
```

以上实例输出结果如下：

```
函数内 :   30
```

3.变长参数

你可能需要一个函数能处理比当初声明时更多的参数,这些参数叫作不定长参数或变长参数。和 2.4.1 节讲的参数不同,变长参数在声明时不会命名,基本语法如下：

```
def functionname（ *var_args_tuple）:
    "函数_文档字符串"
```

```
function_suite
return
```

带星号(＊)的变量名会存放所有未命名的变量参数。变长参数实例如下：

```
#！/usr/bin/Python
# - * - coding：UTF-8 - * -
# 可写函数说明
def printinfo( arg1，＊vartuple )：
    "打印任何传入的参数"
    print（"输出："）
    print（arg1）
    for var in vartuple：
        print（var）
    return
# 调用 printinfo 函数
printinfo（10）；
printinfo（70，60，50）；
```

以上实例输出结果如下：

```
输出：
10
输出：
70
60
50
```

4.匿名函数

Python 使用 lambda 来创建匿名函数。lambda 只是一个表达式,其函数体比 def 简单得多,在 lambda 中只能封装有限的逻辑。lambda 拥有自己的命名空间,且不能访问参数列表之外的或全局命名空间中的参数。

虽然 lambda 看起来只能写一行,但不同于 C 或 C++的内联函数,后者的目的是在调用小函数时不占用栈内存,从而增加运行效率。

lambda 的语法只包含一个语句,即：

```
lambda 〕:expression
```

实例如下:

```
#! /usr/bin/Python
# - * - coding: UTF-8 - * -
# 可写函数说明
sum = lambda arg1 , arg2 : arg1 + arg2
# 调用 sum 函数
print ("相加后的值为 : " , sum( 10, 20 ))
print ("相加后的值为 : " , sum( 20, 20 ))
```

以上实例输出结果:

```
相加后的值为: 30
相加后的值为: 40
```

2.4.6 异常

Python 提供了两个非常重要的用来处理 Python 程序在运行中出现的异常和错误的功能,我们可以使用该功能来调试 Python 程序。

什么是异常?异常是一个事件,该事件会在程序执行过程中发生,影响程序的正常执行。一般情况下,在 Python 无法正常处理程序时就会发生一个异常。异常是 Python 对象,表示一个错误。当 Python 脚本发生异常时,需要捕获并处理它,否则程序将终止执行。

捕捉异常可以使用 try…except 语句。try…except 语句可用来检测 try 语句块中的错误,从而让 except 语句捕获异常信息并处理。如果不想在异常发生时结束程序,那么在 try 语句块中捕获它即可。

以下为简单的 try…except 语句的语法:

```
try:
<语句>          #运行别的程序
except <名字>:
<语句>          #如果在 try 部分引发了 'name' 异常
except <名字>, <数据>:
```

<语句>	#如果引发了 'name' 异常,则获得附加的数据
else:	
<语句>	#如果没有异常发生

当开始执行一个 try 语句后,Python 就在当前程序的上下文中做标记,以便在异常出现时就可以回到这里,try 子句先执行,接下来发生什么依赖于执行程序时是否出现异常。

如果执行 try 子句后的语句时发生异常,Python 将跳回 try 子句并执行第一个匹配该异常的 except 子句,异常处理完毕后,控制流将通过整个 try 语句(除非在处理异常时又引发了新的异常)。

如果执行 try 子句后的语句时发生了异常,却没有匹配的 except 子句,那么异常将被递交到上层的 try 子句,或者递交到程序的最上层(这样将结束程序,并打印默认的出错信息)。

如果执行 try 子句时没有发生异常,Python 将执行 else 语句后的语句(如果有 else 语句的话),然后控制流通过整个 try 语句。

如下实例表示打开一个文件,在该文件中写入内容,且并未发生异常:

```
#! /usr/bin/Python
# - * - coding: UTF-8 - * -

try:
    fh = open("testfile", "w")
    fh.write("这是一个测试文件,用于测试异常!!")
except IOError:
    print "Error:没有找到文件或读取文件失败"
else:
    print "内容写入文件成功"
    fh.close()
```

以上程序输出结果如下:

```
MYM Python test.py
内容写入文件成功
```

```
MYM cat testfile        # 查看写入的内容
这是一个测试文件,用于测试异常!!
```

如下实例表示打开一个文件,在该文件中写入内容,但文件没有写入权限,发生异常:

```
#! /usr/bin/Python
# - * - coding: UTF-8 - * -
try:
    fh = open("testfile","w")
    fh.write("这是一个测试文件,用于测试异常!!")
except IOError:
    print "Error:没有找到文件或读取文件失败"
else:
    print "内容写入文件成功"
    fh.close()
```

在执行程序前为了测试方便,可以先关闭文件的写入权限,命令如下:

```
chmod -w testfile
```

然后执行以上程序的输出结果如下:

```
MYM Python test.py
Error:没有找到文件或读取文件失败
```

可以不带任何异常类型使用 try…except 语句,格式如下:

```
try:
  正常的操作
  …
except:
  发生异常,执行该程序块
  …
else:
  如果没有异常执行该程序块
```

try…except 语句可捕获所有发生的异常,但这不是一个很好的方式。它捕获所有的异常,所以不能通过该程序识别出具体的异常信息。

也可以使用相同的 try…except 语句来处理多个异常信息,格式如下:

```
try:
   正常的操作
   …
except(Exception1]]):
   发生以上多个异常中的一个,执行该程序块
   …
else:
   如果没有异常执行该程序块
```

try…finally 语句无论是否发生异常都将执行最后的程序,格式如下:

```
try:
<语句>
finally:
<语句>        #退出 try 语句时总会执行
raise
```

实例如下:

```
#! /usr/bin/Python
# - * - coding:UTF-8 - * -

try:
    fh = open("testfile", "w")
    fh.write("这是一个测试文件,用于测试异常!!")
finally:
    print "Error:没有找到文件或读取文件失败"
```

如果打开的文件没有写入权限,则输出如下:

```
MYM Python test.py
Error:没有找到文件或读取文件失败
```

同样的例子也可以写成如下方式:

```
#! /usr/bin/Python
# -*- coding：UTF-8 -*-
try：
    fh = open("testfile", "w")
    try：
        fh.write("这是一个测试文件,用于测试异常!!")
    finally：
        print "关闭文件"
        fh.close()
except IOError：
    print "Error：没有找到文件或读取文件失败"
```

当 try 程序块中抛出一个异常时,立即执行 finally 程序块。

执行完 finally 程序块中的所有语句,异常被再次触发,并执行 except 程序块。

可以通过 try…except 语句来捕获异常的参数,如下所示：

```
try：
    正常的操作
    …
except ExceptionType, Argument：
    在这可以输出 Argument 的值
```

变量接收的异常值通常包含在异常的语句中。在元组的表单中,变量可以接收一个或者多个值。

元组通常包含错误字符串、错误数字和错误位置。

以下为单个异常的实例：

```
#! /usr/bin/Python
# -*- coding：UTF-8 -*-

# 定义函数
def temp_convert(var)：
    try：
        return int(var)
```

```
    except ValueError, Argument：
        print "参数没有包含数字/n", Argument

# 调用函数
temp_convert("xyz")；
```

上述程序执行结果如下：

```
MYM Python test.py
参数没有包含数字
invalid literal for int( ) with base 10：'xyz'
```

可以使用 raise 语句触发异常，raise 语法格式如下：

```
raise [Exception [, args [, traceback]]]
```

语句中的 Exception 是异常的类型(如 NameError)，可以是参数标准异常中的任意一种；args 是系统提供的异常参数；traceback 是可选的(在实践中很少使用)，如果存在，那么其是跟踪异常对象。

2.4.7 程序块与作用域

1.块级作用域

想想运行下面的程序会成功吗? 会有输出吗?

```
1 #块级作用域
2
3 if 1 = = 1：
4     name = "lzl"
5
6 print(name)
7
8
9 for i in range(10)：
10     age = i
```

```
11
12 print(age)
```

上述程序执行结果如下：

```
#输出
1 lzl
2 9
```

程序执行成功。若在 Java/C++中执行上面的程序,将会提示 name、age 没有定义,而在 Python 中可以执行成功,这是因为在 Python 中没有块级作用域,外部可以调用程序块里的变量。

2.局部作用域

函数是个单独的作用域,Python 中没有块级作用域,但有局部作用域。

运行如下程序,会不会有输出呢?

```
1    #局部作用域
2
3    def  func():
4         name = "lzl"
5
6    print(name)
```

运行结果为：

```
1    Traceback(most recent call last):
2      File " C:/Users/L/PycharmProjects/s14/preview/Day8/作用域/main.py",
line 23, in <module>
3         print(name)
4    NameError: name 'name' is not defined
```

程序运行报错,因为 name 变量只在 func()函数内部生效,在全局中是没法调用的。对上面程序进行简单调整,调整后的程序如下：

```
1    #局部作用域
```

```
2
3  def  func( ):
4       name = "lzl"
5
6  func( )              #执行函数
7  print( name )
```

调整后的程序在打印变量 name 之前,执行了一次 func( )函数,运行结果如下:

```
1   Traceback ( most recent call last ):
2    File "C:/Users/L/PycharmProjects/s14/preview/Day8/作用域/main.py" , line
23 , in <module>
3       print( name )
4   NameError: name 'name' is not defined
```

程序运行依然报错,原因是即使执行了一次 func( )函数,name 的作用域也只在函数内部,外部依然无法对其进行调用。

3.作用域链

对函数进行如下调整:

```
1   #作用域链
2
3   name = "lzl"
4   def f1( ):
5       name = "Eric"
6       def f2( ):
7           name = "Snor"
8           print( name )
9       f2( )
10  f1( )
```

f1( )函数执行完会输出 Snor。这里我们先记住一个概念,Python 中有作用域链,查找变量时会由内到外找,先去自己的作用域找,自己作用域中没有再去上级找,直到找不到报错。

第3章　基于机器视觉的疲劳驾驶检测

3.1　概　　述

3.1.1　研究背景

随着人均收入的增长,人们的生活水平逐渐得到了提高,舒适便捷的生活成为人们追求的目标。机动车数量和驾驶员人数不断增多,与此同时,交通事故率也逐年上升。世界卫生组织发布的《2018 年全球道路安全现状报告》显示,全球因交通事故死亡的人数呈逐渐上升的趋势,每年因道路交通事故死亡的人数达135 万人,即全世界每分钟至少有两人死于交通事故,因道路交通事故受伤人数为3 000 万以上,造成超过 5 000 亿美元的直接经济损失。如今,交通事故被公认为是人类公共安全的第一大危害。疲劳驾驶是导致交通事故的主要原因之一,驾驶员因疲劳驾驶不能及时发现当前汽车行驶状态,一旦发生事故极易引发重大或特大交通事故。据统计,我国疲劳驾驶导致的交通事故占比为 25%,每年约有 2.5 万人因此死亡;美国疲劳驾驶导致的交通事故占比为 21%,每年约有 6 400 人因此死亡;德国疲劳驾驶导致的交通事故占比为 20%,每年约有 700 人因此死亡。2017年 8 月 10 日,陕西省安康市境内京昆高速公路秦岭 1 号隧道南口处发生一起大客车司机超速行驶、疲劳驾驶致使车辆向道路右侧偏离并冲撞隧道洞口端墙的特别重大道路交通事故,造成 36 人死亡、13 人受伤,直接经济损失 3 533 万余元。由此可见,为降低道路交通事故发生的频率,疲劳驾驶是如今最需要解决的问题。驾驶员长时间连续驾驶车辆或未得到足够休息,都可能导致疲劳驾驶。《中华人民共和国道路交通安全法实施条例》第六十二条规定,机动车驾驶员在连续驾驶超过 4 小时以后必须停车休息 20 分钟以上。长时间驾驶会导致驾驶员的生理和心理疲劳,驾驶员在疲劳状态下驾车会出现注意力难以集中、行车视线变窄、反应速度下降、动作变得迟缓等现象;而且长时间连续开车会使其肩部、颈部、腰部酸疼等。许多道路交通事故就发生在几秒钟。而疲劳检测可使驾驶员及时收到疲劳的预警与通知,尽量防止发生交通事故,避免悲剧的上演。

3.1.2　研究现状

过去的十几年,为了有效地预防疲劳驾驶,国内外已有众多专家学者在该领域进行了大量研究并取得了较为丰硕的成果。对驾驶员疲劳程度的判别方式有很多,根据目前国内外的研究现状,可以归纳为以下几种疲劳驾驶检测方法:基于驾驶员生理信号特征的检测方法、基于驾驶员驾驶习惯的检测方法、基于车辆偏离状态的检测方法和基于驾驶员面部特征的检测方法。

1.基于驾驶员生理信号特征的检测方法

疲劳一词源于生理学,相关研究都是对驾驶员生理信号特征的检测。相关数据表明,当驾驶员精神饱满时,其各项生理指标都位于较高值;当驾驶员疲劳驾驶时,其各项生理指标会显著降低。因此基于驾驶员生理信号特征的检测方法的研究思路都是通过检测驾驶员的生理指标来判断驾驶员是否处于疲劳驾驶状态的。有研究发现人类大脑活动状态与疲劳驾驶有一定相关性,当驾驶员疲劳驾驶时,其脑电信号(Electroencephalogram,EEG)中的 delta 波、alpha 波和 theta 波的波动相较于非疲劳状态均有提升,其中 delta 波和 theta 波的提升更加明显。有研究者通过数值模拟和实验验证的方式证实了通过 EEG 检测判断疲劳驾驶的有效性,但是还需要考虑驾驶员个体的身体差异、心理差异、性别差异和性格差异等。研究表明,心电信号(Electrocardiogram,ECG)检测也可以用于判断疲劳驾驶,因为在疲劳驾驶时,驾驶员的 ECG 会明显下降,可以利用其心率变化等特征来表征驾驶员的疲劳程度。测量驾驶员的 ECG,通过数据处理技术及支持向量机技术对其进行分类建模,利用分类器判断驾驶员是否处于疲劳驾驶,其准确率超过 83%。使用动态贝叶斯网络对不同驾驶员的 EEG 和驾驶行为进行分类,其中包括驾驶员的 EEG 及驾驶员在驾驶时头部和肢体动作数据。用训练出的驾驶员疲劳模型对驾驶员的疲劳度进行判断,结果表明多参数建立的模型可以更准确地评估疲劳度。无论是 EEG 检测还是 ECG 检测,目前都是接触式方法,虽然该方法对驾驶员疲劳判断的准确率较高,但这种接触式检测方法在实际应用中存在较大局限性,很难形成产品。因此,基于驾驶员生理信号特征的检测方法的研究目前基本处于实验室研究状态。

2.基于驾驶员驾驶习惯的检测方法

基于驾驶员驾驶习惯的检测方法主要通过检测驾驶员对车辆的操作行为来判断驾驶员是否处于疲劳驾驶状态。有研究通过检测驾驶员对方向盘的操作行为,利用快速傅立叶变换(Fast Fourier Transform,FFT)对检测数据进行处理,最终指出驾驶员对方向盘的操作数据与其疲劳程度存在一定关联。美国 Electronic Safety Products 公司认为驾驶员在驾驶时不应该长时间不进行操作,并基于这一思路开发了方向盘运动状况传感器 SAM,若驾驶员长时间不对方向盘进行操作,则认为驾驶员处于疲劳状态,传感器将发出声音警报以提示驾驶员。基于驾驶员驾驶习惯的检测方法会测量汽车转弯时的相关信号并采用混沌理论建立方向盘转弯信号与驾驶员疲劳度的模型,通过模型来判断驾驶员是否处于疲劳驾驶状态。基于驾驶员驾驶习惯的检测方法是间接检测方法,具有一定优势。但是从研究现状来看,驾驶不同车辆、不同行驶速度、不同的行驶道路都会对测试结果产生影响,且驾驶员个体的习惯和技能等因素也会影响最终的判定结果。目前基于驾驶员驾驶习惯的检测方法有待进一步完善。

3.基于车辆偏离状态的检测方法

研究表明,当驾驶员处于疲劳驾驶状态时,通过检测车辆行驶状态和偏离度等行驶信息,构建驾驶员疲劳度模型,也可以判断驾驶员是否存在疲劳驾驶。欧洲和澳大利亚的智能研究实验室早已开始了车道偏离预警的研究与开发;美国 IVI 将车道偏离防碰撞列入了八大研究领域;日本研制的 DAS2000 型驾驶警告系统(The DAS2000 Road Alert System)通过在高速公路上架设红外检测装置,判断汽车在行驶过程中是否压到路面白线,该方法在统计汽车行驶便利度的同时引入了行驶速度和方向盘转角速度等参数,通过构建模型发现当驾驶员存在疲劳驾驶时,这些参数的均值和标准差均会发生明显变化。通过对比实验,发现车辆偏移度、压线次数、变换车道次数与驾驶者疲劳度成正比。DAS2000 型驾驶警告系统属于非接触式测量方法,所有数据均在车辆行驶过程中产生,不需要添加额外硬件设备,也不会干扰正常驾驶。但是 DAS2000 型驾驶警告系统在超车、被超车、并线、压线时会存在误报,在多次误报后驾驶员会失去对警报的警惕性,且该系统不适合我国路况。

4.基于驾驶员面部特征的检测方法

当人处于疲劳状态时,其眨眼幅度会增大,眨眼频率会上升,闭眼时间会增长。因此,基于驾驶员面部特征的检测方法主要是通过摄像头捕捉驾驶员眼部、嘴部和头部的活动特性,并建模,以判断驾驶员是否存在疲劳驾驶。卡内基梅隆研究所提出了 PERCLOS 疲劳判别准则,该准则指出当驾驶员闭眼时间超过单位时间的 80%时,可判定驾驶员处于疲劳驾驶状态。利用摄像机和面部定位技术标定眼睛、鼻尖和头部的位置,结合驾驶员眨眼频率和闭眼时间来判断驾驶员是否存在疲劳驾驶。有研究指出驾驶员在疲劳驾驶状态下的瞳孔直径相较于非疲劳状态时有显著变化,相关研究员还建立了瞳孔直径变化率和疲劳程度的关系方程,该研究通过 Haar 算法对驾驶员的眼睛和脸进行定位,然后采用数字滤波得到驾驶员实时脸部特征参数,利用垂直投影匹配法判定闭眼情况,并设定连续 5 帧图像,检测到闭眼则认为驾驶员处于疲劳驾驶状态。赵雪竹等人采用 Adaboost 算法检测疲劳驾驶,该算法通过人脸定位、闭眼频率、瞳孔直径等参数来判定驾驶员疲劳程度,并得到了有效结论。除上述方法外,也可以引入眉毛、头部、嘴部等特征对驾驶员疲劳程度进行判断。总体而言,基于驾驶员面部特征的检测方法是非接触式测量方法,检测不会对驾驶产生影响,实用性强,主要问题是提高识别精度。

人脸检测技术一直是机器视觉领域研究的热点,国内外著名的高校和科研院所,如麻省理工、微软研究院、清华大学、南京大学等都在该领域进行了大量研究并取得了较为丰硕的成果。

随着近几年深度学习的爆发式发展,人脸检测技术也日趋成熟,当前主流技术主要包括以下 3 种:

(1)基于统计学的方法。该方法将人脸看作一个无穷维的向量空间,脸部的不同结构代表不同的信息维度,对这些信息进行整理、降维、归纳,从而提取特征向量,降低计算复杂度,提高模型准确率,其常见计算方式包括基于学习计算、基于空间计算、基于隐式模型计算 3 种计算方式。

(2)基于特征的人脸检测方法。该方法通过对人脸数据的采集、分解、特征提取等实现人脸检测,将人脸检测转化成人脸五官特征、人脸纹理特征和肤色特征等。

（3）基于模板匹配的人脸检测方法。该方法锁定脸部和非脸部某一特定区域，通过对该区域进行数据采集、分解、特征提取，实现某特定区域的精准检测，通过特定区域对人脸进行相似度匹配，根据算出的相似度来判定是否为对应的人脸目标。该方法采集了大量人脸正面和侧面的数据，并进行了对比，然后对数据进行降维并提取人脸特征点，对脸部特征信息进行识别，从而提高了系统识别率。有研究采用 MTCNN 方法运用金字塔结构进行人脸信息定位，由于不同照片中的人脸尺寸大小不同，因此需要通过对照片进行尺度变化来构建金字塔结构，在不同的尺度下对眼睛和嘴等部位进行检测，以提高识别率。甘俊英等人采用局部特征描述的方法和 Prewitt 算子提取人脸的纹理特征，并使用纹理特征级联的方法来进行人脸识别，该方法在活体人脸库上取得了较高的识别率。林国军等人提出了一种利用人体肤色定位脸部的方法，首先把标准彩色图像转换为 YCbCr 图像和 HIS 图像，然后通过数字滤波消除背景噪声，利用 C_b 和 C_r 值来锁定图片中的彩色部分并通过亮度信息锁定人脸，以提高人脸检测准确率。

3.2 传统疲劳驾驶检测技术

3.2.1 基于行车数据的检测技术

基于行车数据的检测技术通过分析安装在车辆驾驶系统、动力系统上的传感器采集的数据，对驾驶员的疲劳驾驶行为进行预警。胥川等人使用高仿真驾驶模拟器进行模拟驾驶实验，采集了驾驶员在正常驾驶及疲劳驾驶状态下的 19 个驾驶行为指标和 4 个眼动指标数据，并对其进行了分析，得出了闭眼时间比例、平均瞳孔直径、车道偏移标准差和方向盘反转次数 4 个指标。这 4 个指标综合性能较高且不存在显著个体差异，更适用于疲劳驾驶检测系统中的结论。王雪松等人使用驾驶模拟器和眼动仪采集车辆行驶过程中驾驶员的瞳孔特征，进行了驾驶员的疲劳分级研究，建立了考虑驾驶员个体差异的分层有序离散选择模型，将驾驶员的疲劳状态划分为清醒、轻度疲劳、中度疲劳、重度疲劳和极度疲劳 5 个级别，有针对性地进行了疲劳驾驶预警。由于驾驶模拟器可以方便地模拟车辆行驶状态下的行车数据,实验复现效果好,且能避免实际路试中产生的危险,因此被广泛应用于基于行车数据的检测技术研究中。万蔚等人应用驾驶模拟器采集了 20 名受试者在疲劳驾驶和正常驾驶状态下的实验数据,并对其进行了分析,最终提取了速度、方向盘转角和车辆横向位置 3 个指标作为疲劳指示特征。金立生等人也对驾驶模拟器采集的疲劳实验数据进行了分析,并提取了方向盘的转角标准差、速度标准差、转角变异系数、转角熵和零速度百分比 5 个指标作为疲劳指示特征。眼动仪和红外设备具有大幅提高视觉成像的品质、减轻图像干扰等优点,在疲劳检测领域的研究中有着广泛的应用。刘志强等人基于 ASL 眼动仪提出了 SVM 疲劳检测模型。汪磊等人应用眼动仪开展了 36 小时的睡眠剥夺实验,确定了 PER-CLOS 值、平均闭眼时长和哈欠频率 3 个疲劳判定指标的阈值。Nuevo 等人使用红外设备捕捉驾驶员的眼球运动,提出了基于 AAM 和 PCA 的检测模型。

3.2.2　基于生理指标的检测技术

基于生理指标的检测技术通过可穿戴设备采集驾驶员的 EEG、ECG、心率变化等生理指标数据,运用机器学习方法进行数据分析后实现疲劳预警。其中基于 EEG 的疲劳检测算法的可行性在国内外得到了广泛研究。祝亚兵等人以进行驾驶实验的方式在采集驾驶员 EEG 的同时对其进行对象辨别测试,得出了某些特定波长的 EEG 与驾驶员疲劳程度高度相关的结论,验证了以 EEG 作为疲劳驾驶指示指标的合理性。曾友雯等人使用接触式仪器采集了驾驶员的生理信息,在疲劳驾驶实验中对驾驶员的 EEG 和眨眼次数进行了相关性分析,得出了 EEG 指标与眨眼次数指标在指示驾驶员疲劳程度时能够保持一致的结论。

研究如何使用机器学习方法分析 EEG 的工作有很多。叶春等人设计了基于 Morlet 小波理论与 EEG 的驾驶员疲劳检测系统,该系统具有运算速度快、实时性强等优点。谢智等人使用融合 K 均值聚类的方法处理 EEG,该方法能充分考虑个体差异性,取得了 80% 的识别效果。Kwok Tai Chui 等人使用 SVM 算法处理 EEG,该算法计算量少,运行速度快,平均处理延迟只有 0.55 毫秒。Chin-Teng Lin 等人使用主成分分析(PCA)方法处理 EEG,其计算量较大,准确率也较高。Lee 等人在生理信号采集仪器方面进行了创新,使用手表型仪器采集驾驶员的 ECG 和手臂的运动状况等信息进行疲劳预警,这种采集装备较为小巧,能保证驾驶员的常规操作不受影响,更易普及。

3.2.3 基于机器视觉的检测技术

基于机器视觉的检测技术通过提取车载摄像头采集的人脸图像的视觉特征进行疲劳预警。邹昕彤等人采用 Adaboost 算法进行人脸检测,再结合人脸五官的几何比例等先验知识定位眼睛和嘴巴的坐标,最后采用灰度积分投影法提取眼睛的开度和嘴巴的圆度作为疲劳特征,依据 PERCLOS 原则判定驾驶员是否处于疲劳状态。邹敏杰等人采取类似的算法设计思路,结合 Adaboost 算法和模板匹配算法完成疲劳特征提取,并将嘴巴张合的频率作为判据引入驾驶员疲劳检测系统中。游峰等人使用 Adaboost 算法检测人脸后,运用椭圆曲线拟合的方法获取眼睛的开度,以此进行疲劳判定。杨非等人使用基于图像增强的 ASM 算法对人脸特征点进行定位,再依据特征点的坐标提取眼睛区域,最后在这个区域内结合积分投影法和形态学方法获取人眼瞳孔中心的坐标,从而计算上下眼睑点的距离,依据眼睛的开度来判断驾驶员是否处于疲劳驾驶状态。除此以外,李东等人使用 HSV 颜色特征及 LBP 纹理特征融合的方法进行眼睛识别,在自制的样本库中取得了98%的总体识别率。牛耕田等人基于多尺度稀疏表示的理论,使用 Gabor 小波加 2D-PCA 的方法进行疲劳检测,并取得了 94%的识别率。贾小云等人用 Adaboost 算法检测人脸,再使用 LBP 模型检测眼睛,取得了良好的效果。

3.3 基于 MTCNN 的疲劳驾驶自动检测

3.3.1 检测原理

Dlib 是一个包含机器学习算法的 C++开源工具包,可在 C++中创建复杂的程序,以解决实际问题。Dlib 提供了丰富的算法例子,在机器学习、线性/非线性回归、朴素贝叶斯、数据降维、特征提取、SVM、深度学习等方面具有一定优势。此外,Dlib 也提供了 Thread、Timer、XML、Socket 和 Sqlite 等底层基本工具。因此,Dlib 在工业机器人、物联网、移动应用和云计算等多个行业和学术领域得到了较为广泛的应用。

Vahid Kazemi 和 Josephine Sullivan 提出了一个基于梯度增强的通用框架,用于学习回归树的集合、优化平方误差损失的总和,以及自然地处理丢失或部分标记的数据。基于该算法建立的 Dlib 中的 shape_predictor_68_face_landmarks.dat 模型可以实现人脸特征点的标定。该模型展示了如何找到人的正脸,并且在人脸上标定 68 个特征点。

张凯鹏等人提出了一个深度级联的多任务框架,利用任务框架间的内在联系,即 MTCNN,提高其性能。MTCNN 对卷积神经网络进行了改进,通过引入 P-Net、R-Net 和 O-Net 3 个神经网络实现了一种人脸检测和对齐技术,具有更高的精度和实时性。由于不同照片中的人脸尺寸不同,因此通过对照片进行尺度变化来构建金字塔结构。在不同尺度下对眼睛和嘴等部位进行检测,以提高识别率。然后通过神经网络对不同尺度下的数据进行计算,这样所有数据都可以在统一的尺度下进行计算,对于不同照片中不同人物大小和不同人物特征有更好的识别度。

P-Net 是引入的第一个神经网络,它输入的是 12 像素×12 像素的 3 通道 RGB 图像,经过两次 3×3 的卷积层后得到了图片中人脸的信息和脸部特征点的位置。

R-Net 与 P-Net 的结构类似,P-Net 输入的是 12 像素×12 像素×3 的图像,R-Net 输入的是 24 像素×24 像素×3 的图像,也就是说 R-Net 可判断 24 像素×24 像素×3 的图像中是否含有人脸,以及预测关键点的位置。R-Net 的输出包含了人脸判别、框回归和关键点位置三部分,其输出图像尺寸与 P-Net 输出图像尺寸完全相同。R-Net 的图像输入尺寸为 24 像素×24 像素×3,相当于对每个 P-Net 输出都进行了尺度缩放后再将相关结果输入 R-Net 中进行下一步计算。

O-Net 也对输入图像进行了尺寸缩放,它将 R-Net 所有输出图像尺寸从 24 像素×24 像素×3 变为 48 像素×48 像素×3,以 48 像素×48 像素×3 的图像作为自己的输入。O-Net 与 P-Net 的结构类似,不同点在于它输入的是 48 像素×48 像素×3 的图像,网络的通道数和层数更多。

P-Net、R-Net 和 O-Net 三层神经网络所输入的图像尺寸越来越大,卷积层的通道数也逐渐增大,网络结构逐渐复杂化,因此其对人脸的识别准确率越来越高。在提高准确率的同时,神经网络却由于计算量的增加而付出了更多计算时间。从计算速度来看,O-Net 的响应时间最长,R-Net 的响应时间其次,P-Net 的响应时间最短。而三层神经网络存在的本质意义是层层过滤数据，如果原始图像直接交给 O-Net 进行判别，则需要花费大量时间。先通过 P-Net 对图片进行过滤，保留特征信息，滤除背景噪声，然后利用 R-Net 进行二次过滤，最后使用 O-Net 进行人脸判别，在提高精度的前提下降低了计算时间。

MTCNN 中每个网络都有三部分输出，因此其损失也由三部分组成。针对人脸判别部分，直接使用交叉熵损失；针对框回归和关键点判定，直接使用 L2 损失。这三部分损失各自乘以自身的权重再相加，就是最后的总损失。在训练 P-Net 和 R-Net 时，研究者更关心框位置的准确性，较少关注关键点判定损失，因此关键点判定损失的权重很小。对于 O-Net 而言，关键点判定损失的权重较大。

Dlib 人脸检测器框定人脸时的准确度欠佳，这是由于在获得包含人脸的矩形框后，检测器要检测人脸中的关键点，如眼睛、嘴、鼻子等面部特征的位置信息和脸部轮廓等。

原始图片中不同人脸的位置和姿态可能有较大的区别。为了之后的统一处理，需要"摆正"人脸，可以通过前面检测出来的关键点，使用映射变换的方式对人脸进行校正，以消除不同人、不同姿态、不同环境产生的误差。

把 Dlib 人脸框定和 MTCNN 校正后的人脸框定进行对比，如图 3-1 所示，左边是 Dlib 的人脸检测结果，右边是 MTCNN 校正后的人脸检测结果，图片源自互联网，图中的方框为标定出的人脸信息。若按方框所围的面积信息来进行人脸检测，则加入 MTCNN 校正对齐后检测器的准确度提升了约 7%。

3.3.2　检测模型

当人处于疲劳状态时，眼睛眨动的频率比正常情况下低，闭眼时间也较长。在驾驶过程中，若闭眼时间大于 0.5 秒，则发生交通事故的概率将增大。2016 年 Tereza Soukupová 和 Jan Čech 提出了眼部纵横比（eye_aspect_ratio，EAR）的概念，如图 3-2 所示。

图 3-2 中的 p_1、p_2、p_3、p_4、p_5、p_6 是眼睛的 6 个特征点。利用这 6 个特征点来表征不同的眼部动作，计算公式如下：

$$EAR = \frac{\| p_2 - p_6 \| + \| p_3 - p_5 \|}{2 \| p_1 - p_4 \|}$$

图 3-1　Dlib 和 MTCNN 的对比

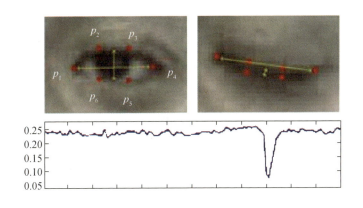

图 3-2　眼部纵横比

式中，$\|p_2-p_6\|+\|p_3-p_5\|$ 是 2 倍的上眼皮和下眼皮的垂直距离，$\|p_1-p_4\|$ 为左眼角和右眼角之间的距离。上眼皮和下眼皮的垂直距离之和与左眼角和右眼角之间距离相除，即可得到眼部纵横比。

根据这一原理测试一些数据，分别计算睁眼、眯眼和闭眼 3 种状态下的眼部纵横比。眼部纵横比实验数据如图 3-3 所示。研究结果表明，睁眼时，计算出的 EAR 为 0.30~0.45，其平均值约为 0.39；眯眼时，计算出的 EAR 为 0.20~0.30，其平均值约为 0.25；闭眼时，计算出的 EAR 为 0.10~0.18，其平均值约为 0.15。数据表明，在不同的眼部状态下 EAR 有明显区别。

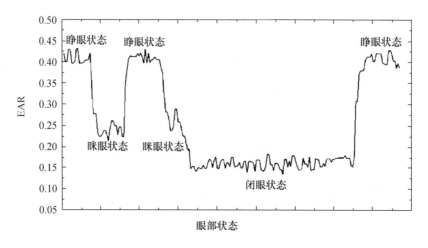

图 3-3　眼部纵横比实验数据

为了消除不同人和环境的影响，验证该方法的健壮性，扩大实验样本，在不同的场景下针对不同的人，分别计算其眼睛睁开、半眯、闭合时的 EAR，结果如图3-4所示，其中 A、B、C、D 代表不同的测试对象，EAR 为 3 秒内的均值。从图 3-4 可以看出，环境和测试对象的不同对该方法的影响极小，因此可以通过 EAR 准确地判断眼部的状态。

接下来，构建基于 MTCNN 的疲劳度检测模型。首先进行实时监测、读取视频流，对采集到的每帧图像进行灰度化处理，加入一个计数器，开始计时；然后进行人脸检测，使用 MTCNN 将人脸对齐，标定人脸的 68 个特征点，通过眼部和嘴部的特征点计算它们的纵横比，使用 PERCLOS 和连续帧数来判别眼部是否疲劳。

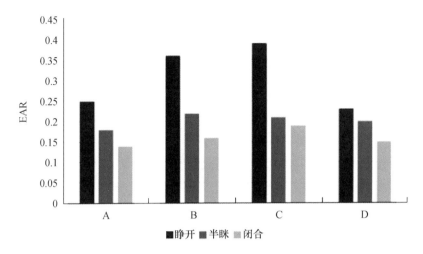

图 3-4　不同人不同场景下的眼部纵横比

PERCLOS 是度量疲劳/瞌睡的准则,如果 PERCLOS<40%,则返回计数器,重新进行计时;如果 PERCLOS≥40%,则判定为眼部疲劳。前期工作中我们分别采集了眼部疲劳的正、负样本和打哈欠的正、负样本,并通过 SVM 训练了相应的模型。如果连续 3 帧的 EAR 被训练好的 SVM 模型判断为眼部疲劳状态,则判定为疲劳驾驶;如果连续 12 帧的 MAR 被训练好的 SVM 模型判断为打哈欠状态,则判定为疲劳驾驶。当判断结果为疲劳驾驶时,监测系统会发出蜂鸣声和语音警报,提醒驾驶员及时停车休息,且后台会自动发短信通知驾驶员的紧急联系人。基于 MTCNN 的疲劳度检测模型流程图如图 3-5 所示。

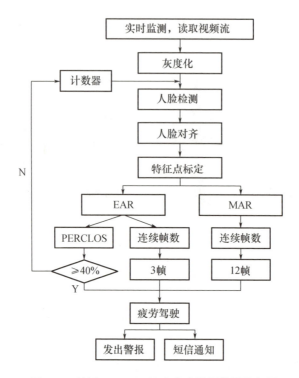

图 3-5　基于 MTCNN 的疲劳度检测模型流程图

3.3.3　实验

正常状态的实验结果如图 3-6 所示,眼部疲劳状态的实验结果如图 3-7 所示,打哈欠状态的实验结果如图 3-8 所示。图 3-6 和图 3-8 中的 Blinks 是指眼部疲劳的次数,EAR 是指眼部的实时状态值(眼部纵横比);Yawns 是指打哈欠的次数;MAR 是指嘴巴的实时状态值(嘴部纵横比)。

图 3-6　正常状态的实验结果

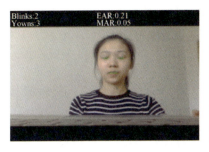

图 3-7 眼部疲劳状态的实验结果

图 3-8 打哈欠状态的实验结果

图 3-9、图 3-10 表明加入 MTCNN 后,本系统对人脸的检测能力提高了,无论是侧脸状态还是仰头状态都能检测出来。

图 3-9 侧脸状态的实验结果

图 3-10 仰头状态的实验结果

3.4 总　结

阅读了大量关于人脸检测和驾驶疲劳检测文献后,笔者对人脸检测和疲劳检测方法进行了归纳、分类与分析。以深度学习框架 TensorFlow 为平台,以 Python 为语言,根据目前深度学习在特征提取方面的发展,研究对比各种算法及模型,先使用 HOG 算法来标定照片/视频中的人脸部位,然后使用 MTCNN 对人脸进行对齐,再用 Dlib 中的 68 个特征点模型来标定眼和唇的位置,最后根据 PERCLOS 准则结合唇和眼的状态值对驾驶员的状态构建基于 MTCNN 的疲劳度检测模型,并进行实验验证。最终设计并实现了视频流抓取、人脸检测、人脸预处理、语音警报、短信通知等功能,形成了一个疲劳检测系统,并对该系统进行了实验和验证。主要创新点如下:①改进了基于 Dlib 检测人脸和面部特征标定的流程,在调用 Dlib 检测人脸前引入 MTCNN 算法对人脸进行对齐及"摆正",使得检测出的人脸信息不易受到照片/视频角度的影响,提高了人脸检测和面部特征点标定的准确度;②提出了基于嘴部纵横比检测打哈欠的方法,结合 PERCLOS 准则和眼睛状态检测方法构建了基于 MTCNN 的疲劳度检测模型,并构建了报警系统,当检测到驾驶员疲劳时系统会发出提示,并联系驾驶员的紧急联系人。

虽然本章在面部特征研究及疲劳度检测中取得了一定成果,但是仍然存在以下不足:①本章在模拟实际驾驶环境时需要设计足够的光照,以有效满足人脸识别与检测的基本需求,虽然光照不足时也能达到一定的检测效果,但是在完全没有光照的条件下,检测系统将无法识别出人脸信息,难以发挥作用;②本章设计的模型基于驾驶员唇、眼部特征的检测方法比较单一,还可以通过 360°转动的摄像头根据驾驶员头部姿态的变化,来感知驾驶员的专注度,以此判断其是否是疲劳驾驶;③本章基于 MTCNN 的疲劳度模型的识别率还有提升空间。在复杂环境下,除了头部姿态变化,还有戴墨镜等其他因素会影响眼睛定位的精度和眼部状态识别的精度,从而影响整个模型的识别率。

第4章 基于机器视觉的人脸表情研究

4.1 概 述

随着计算机技术和人工智能技术的快速发展,人机交互的需求不断增加。情感识别是人们探索人工智能的有效方式。

在20世纪70年代,美国心理学家Ekman定义了人类的6种基本表情,并建立了面部动作编码系统(FACS),使研究人员能够根据一系列系统动作单元描述面部动作,从而通过面部运动和表情的关系,检测面部表情。

Ashish Kapoor等人先使用带LED的红外摄像机检测瞳孔位置,然后使用隐马尔可夫模型检测点头和摇头动作。该实验的准确率为78.46%。由于其检测方法对装置有特殊要求,实验精准度低,所以需要改进。

Kazemi和Sullivan研究了单个图像的面部对齐问题。

Soukupová和Čech提出了一种实时算法,用于检测来自标准相机的视频序列中的眨眼动作。根据该方法,Adrian Rosebrock在网站上提供了一个眨眼动作检测程序。

本章先介绍了面部标志系统,然后选择第31个特征点作为参考点,设计了一个算法来监测点头和摇头的次数及平均距离等参数,并通过了实验验证,最后结合微笑和噘嘴,研究了几种典型表情。

通过实验,可以看出本章设计的算法能够更准确地检测点头和摇头,为各种表情的研究提供参考。

4.2　相关技术和理论

4.2.1　确定参考点

为了检测点头和摇头，需要选择合适的面部标志检测器。选择 68 个人脸特征点的(x,y)坐标作为研究的基础，该面部标志检测器包含在 Dlib 中。68 个人脸特征点的位置如图 4-1 所示。

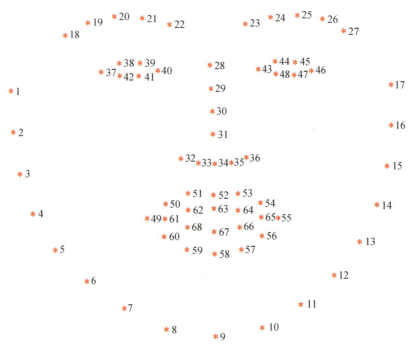

图 4-1　68 个人脸特征点的位置

考虑到点头和摇头时人脸特征点的位置可能会随着人脸表情而改变，我们使用以下方法来确定人脸特征点中的参考点。

选择一个实验者，让实验者不要点头或摇头，但可以做各种面部动作，如眨眼、张嘴等。此过程持续约 1 分钟。在此过程中，记录每个人脸特征点位置的变化。

经过实验，测得人脸特征点中各点位置的变化范围，如图 4-2 所示。

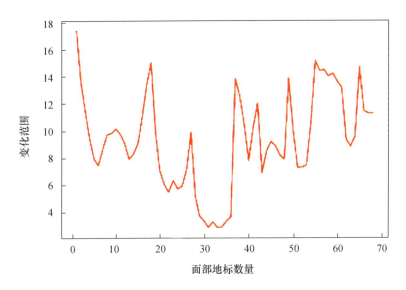

图 4-2 人脸特征点中各点的位置变化范围

由图 4-2 可以看出,位置变化范围最小的是第 31 个点。第 31 个点位于鼻梁处,当人做各种面部表情时,该点的相对位置基本稳定,符合实际情况。故选择第 31 个点作为参考点,来研究人的点头和摇头。

4.2.2　点头和摇头的侦测算法

可以利用摄像头(笔记本电脑自带的摄像头)获得数据,当监测到数据中包含人脸时,就记录人脸的参考点的坐标,并不断计算参考点的位移,判断是否发生点头或摇头。

选择点头次数、点头平均位移和点头频率作为点头判断的主要参数;选择摇头次数、摇头平均位移和摇头频率作为摇头判断的主要参数。下面以点头为例,分析参数的计算方法。

为了判断点头次数,需要记录参考点移动方向的变化次数,当参考点从上往下移动时,参考点的纵坐标会变大;当参考点从下往上移动时,参考点的纵坐标会变小。参考点的移动方向的取值示意图如图 4-3 所示。

点头监测的简易流程图如图 4-4 所示。由于算法比较复杂,该流程图只展示了部分程序内容。

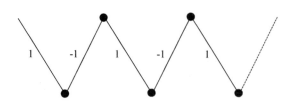

图 4-3　参考点的移动方向的取值示意图

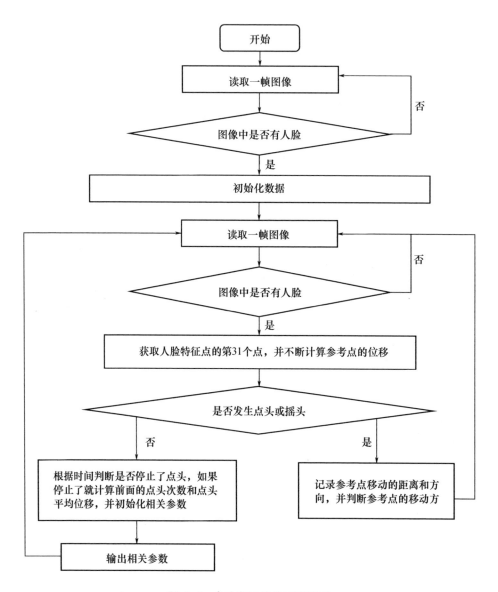

图 4-4　点头监测的简易流程图

用类似的方法可以设计摇头监测程序。参考点可以同时发生水平和垂直两个方向上的移动，但人在某一时刻只能完成摇头和点头中的一种动作，所以当两个动作同时发生时，我们对移动范围大的方向上的数据进行记录，丢弃另一个方向上的移动。

编制程序，实时侦测视频中的点头和摇头，然后对人的表情进行分析，例如，非常同意、同意、无反应、不同意、非常不同意等。此方法可以应用到表情识别相关的领域。

4.3　实验分析

在实验前，先对参加实验的人进行简单的培训，以使他们的动作尽量多地被摄像头监测到。

设计实验检验点头模型的准确性。实验设计如下：安排 3 个人，分别对着摄像头做如下动作：a——快速点头 2 次；b——快速点头 4 次；c——快速点头 6 次；d——慢速点头 2 次；e——慢速点头 4 次；f——慢速点头 6 次。各动作之间需要有明显停顿。

计算机捕捉到的点头次数、点头平均位移和点头频率如表 4-1 所示。

表 4-1　计算机捕捉到的点头次数、点头平均位移和点头频率

动作	a	b	c	d	e	f
第 1 个人	2,50,2.7	4,54,2.43	6,92,2.13	2,59,1.75	4,56,1.18	6,59,1.63
第 2 个人	2,61,2.50	4,70,2.86	6,62,2.22	2,77,2.17	4,91,1.72	6,89,1.61
第 3 个人	2,22,2.86	4,61,1.96	6,68,2.33	2,94,1.79	4,46,1.56	6,53,1.18

从表 4-1 中可以看出，点头次数全部正确，每人的点头平均位移有所不同，点头频率与设定的相符。

设计实验检验摇头模型的准确性。实验设计如下：安排 3 个人，分别对着摄像头做如下动作：a——快速摇头 2 次；b——快速摇头 4 次；c——快速摇头 6 次；d——慢速摇头 2 次；e——慢速摇头 4 次；f——慢速摇头 6 次。各动作之间需要

有明显停顿。

计算机捕捉到的摇头次数、摇头平均位移和摇头频率如表4-2所示。

表4-2 计算机捕捉到的摇头次数、摇头平均位移和摇头频率

动作	a	b	c	d	e	f
第1个人	2,43,2.78	4,48,3.32	6,58,2.51	2,124,1.80	4,82,1.12	6,83,1.17
第2个人	2,101,3.36	4,75,2.39	6,50,2.14	2,76,1.06	4,87,1.14	6,80,1.20
第3个人	2,50,2.2	3,67,1.56	5,63,1.84	2,83,1.20	4,63,1.27	6,49,1.16

从表4-2中可以看出,每人的摇头平均位移有所不同,摇头频率与设定的相符。而摇头次数有两个值比实际值小1(斜体标出的数据),错误的数据主要出现在快速摇头的实验中,因此可认为出现错误数据的原因是摄像头不能及时捕获人脸特征点数据,一些关键点被遗漏。

通过实验发现,点头的识别准确度很高,摇头的识别准确度较差,尤其是快速摇头,容易遗漏一些数据。我们认为当人脸不是正对摄像头且头部移动较快时,比较容易出现检测不到人脸特征点的情况,这在一定程度上影响了监测结果。监测到人脸特征点(左)和监测不到人脸特征点(右)的图像如图4-5所示。找到更好的检测人脸特征点的程序,可以使监测结果更加准确。

图4-5 监测到人脸特征点(左)和监测不到人脸特征点(右)的图像

4.4　基于点头和摇头的表情研究

表情是机器人研究的重要领域。索菲亚是一款由香港公司 Hanson Robotics 开发的社交人形机器人,其最人性化的设计是拥有 60 多种面部表情。

点头和摇头是人们表达情绪的重要方式,我们希望在点头和摇头检测的基础上,结合人脸的其他动作(如眨眼、噘嘴等)判断人的表情。

Isabella Poggi、Francesca D'Errico 和 Laura Vincze 对点头进行了详细分类,并讨论了各类点头表达的含义。他们指出点头有多种含义,如确认、同意、批准、提交和许可、问候和感谢、讽刺等。

人的表情是非常复杂的,不仅与人的面部表情有关,也与对话环境、对话者身份等因素相关。仅通过点头、摇头及其他面部表情信息,正确判断人的表情是非常难的。本章仅选择以下几种典型表情进行分析和识别:快速点头+微笑对应的表情为很高兴地同意、赞许;慢速点头+噘嘴对应的表情为不得不接受;快速摇头+噘嘴对应的表情为非常反对。

主要用嘴巴的特征点对微笑进行检测。参考相关文献,定义嘴巴长宽比。

在检测噘嘴时,发现部分嘴巴特征点的标志会出现较大误差(见图 4-6),故选择人脸特征点中的第 52 个点作为参考点,用第 52 个点和第 31 个点的距离来定义噘嘴情况。结合点头和摇头检测进行实验,随着人脸特征点位置的变化,我们能检测几种典型的表情。在掌握更多关于人脸特征点和表情的关系后,我们的模型可对表情进行进一步检测。

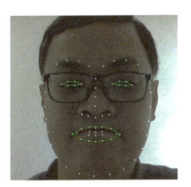

图 4-6　部分嘴巴的特征点不准确

4.5 总　　结

　　本章主要设计了基于 Dlib 中人脸特征点的点头和摇头检测方法,并计算了点头/摇头次数、点头/摇头频率和点头/摇头平均位移等参数。结合点头和摇头的数据,简要研究了几种典型的表情。基于这些研究,结合其他表情识别技术,计算机可以更准确地检测人们的表情,进而理解人们的想法。

　　实验发现,本章采用的方法的点头识别精准度非常高,摇头识别精准度较差,特别是快速摇头,精准度更差。当面部不朝向相机并且头部移动较快时,难以检测到人脸特征点,从而影响检测结果。因此,找到更好的检测人脸特征点的程序,可使监测结果更准确。

第5章　基于机器视觉的情绪感知研究

5.1　概　　述

1872年,达尔文(Darwin)的《人与动物的表情》一书出版并发行,该书根据人的神情特征把人类的心思情绪大致分为:painful(痛苦的)、sad(难过的)、happy(开心的)、unhappy(不开心的)、angry(生气的)、disgust(厌恶)、amazing(惊诧的)和shy(害羞的)。

1966年,哈加德和艾萨克斯(Haggard和Isaacs)发现了微表情,他们认为微表情与自我防御机制有关,表达了被抑制的情绪。但当时他们的研究并没有引起其他研究者的重视。1969年保罗·艾克曼(Paul Ekman)和华莱士·弗里斯(Wallace Friesen)发现了微表情。

20世纪70年代,美国心理学家保罗·艾克曼(Paul Ekman)和华莱士·弗里斯(Wallace Friesen)经过长期实证研究,发现人类面部表情具有共性与普适性,具体表现形式不受种族、性别、年龄、文化背景等因素的影响,并提出人类共有angry(生气的)、happy(开心的)、sad(难过的)、amazing(惊讶的)、disgust(厌恶)、fear(害怕)6种主要面部表情。随后两位学者通过分析面部肌肉单元变化与面部表情的相关性,于1976年基于人类表情共性创建了面部行为编码系统,按照系统划分的一系列人类面部动作单元来描述人类面部动作,通过面部运动和表情的关系,来检测人脸面部微表情。

1999年,安东尼奥·科尔梅纳雷斯(Antonio Colmenarez)等人提出了一种用于嵌入式识别面部和面部表情的框架,该框架主要根据人脸的面部特征外观和位置对人脸的面部进行建模。这种框架中的隐藏状态主要用于表示离散的面部表情,该方法使用显示不同面部表情的视频片段为数据中的每个人构建一个面部模型,采用贝叶斯分类方法进行人脸识别和表情识别。该方法将一个人的面部分成9

个面部特征,这些面部特征又被分在 4 个区域中,这些面部特征在视频片段中将被自动检测和跟踪。最后该方法使用一个由 18 个人、6 个表情组成的视频数据库来报告面部和面部表情识别结果。

2002 年,野克(K. Matsuno)等人提出了一种势网的二维网格方法,该方法的思路是从面部的整体图案中识别人类面部表情,其将边缘的图像力和连接它们的 4 个邻居的弹簧移动节点用作场的模型,用网络中的节点位移矢量代表整体模式,每个面部表情都可以被确定为由每个训练集中的图像产生的节点位移矢量的平均值,通过计算这个平均值就可以完成人脸的面部表情的识别。

2003 年,凯文·鲍耶(Kevin W. Bowyer)等人提出人脸识别技术一般分为全局方法和局部方法,这是一种利用 PCA 算法研究红外图像与典型可见光图像在人脸识别中的对比与组合的方法。随后他们还研究探讨了光线的明暗变化、面部的表情变化及走廊影像与探针影像之间的间隔对典型可见光图像和红外图像的影响。实验结果表明,走廊影像与探针影像之间存在较大时间间隔时(大于一周),典型可见光图像的识别可能优于红外图像的识别。

2008 年,姆派里斯(Mpiperis)等人提出了一种建立一组人脸之间对应关系的弹性变形模型算法,建立了一种将身份和面部表情因子解耦的双线性模型,并将这些模型与未知人脸相匹配,以对未知人脸进行人脸与表情识别。

2009 年,哈维尔·鲁伊斯德尔·索拉尔(Javier Ruizdel Solar)等人进行了一种适合在无约束环境中工作的人脸识别方法的比较研究。该研究使用的方法主要是通过其在以往比较研究中的表现来选择的,不仅是实时的,而且是完全在线的,每人只需要一个图像。这项研究的主要结论是:该研究所分析的方法对人脸图像中包含的人脸及背景的信息量有很强的依赖性,并且随着室外照明光线的增强,所有方法的性能都会大大降低。该研究所分析的方法在很大程度上对于不准确的对齐、面部遮挡和表情的变化是有效的。

2011 年,埃尔莫西拉(Hermosilla)等人提出了一种基于局部兴趣点和描述符的健壮热面人脸识别方法。该方法主要使用一种标准的宽基线匹配法对人脸热图像中的血管网络进行比较,最后利用热图像数据库对该方法进行验证,从而达到人脸识别效果。

2015 年,莫努·U·拉加斯赫(Monu U. Ragashe)等人提出了一种可以在部分遮挡视频中实时进行人脸识别的方法,这种方法可以通过监控摄像机实现实时人脸识别。

2019 年,瓦尼塔·杰恩(Vanita Jain)等人提出了一种融合局部特征和全局特征的面部表情识别模型。该模型将人脸划分为多个区域,选择有助于减少冗余的感兴趣区域,以提取局部特征;先从整个主体人脸中提取全局特征,再提取感兴趣的特征进行表情识别,使模型的识别精准度提高到了 93.52%。

2020 年,莫克亚伊(Mokhayeri)提出了一种增强的基于生成对抗网络的模型,命名为聚合上下文转换生成对抗网络,用于高分辨率图像修复。

2022 年,卡尔马卡尔(Karmakar)等提出的 RetinaFace 不仅可同时完成人脸分类、人脸定位、关键点检测以及人脸姿态检测,而且在尺度人脸检测方面具有较高的准确度。尽管如此,遮挡所造成的特征损坏和噪声混叠,仍是人脸检测中亟待解决的难题。

国内也有很多学者对人脸识别系统进行了大量研究,并取得了很多成果。

2000 年,金辉与高文研究出了一种对混合表情的人脸进行识别的系统。该系统把整个脸部分成各个表情特征区域后再分别提取它们的运动特征,然后按照时序将这些运动特征组成一个特征序列,最后通过分析这些不同的特征区域里包含的不同表情的信息含义和表情占比来识别任意时序长度的复杂的混合表情图像序列,以达到人脸识别的效果。

2002 年,余冰等人提出了一种基于运动特征的人脸识别方法。该方法首先利用块匹配方法来确认有表情人脸和无表情人脸之间的运动向量,然后利用 PCA 算法从这些运动向量中产生运动特征空间(又称低维子空间)。该方法在测试时要先将需要测试的有表情人脸和无表情人脸之间的运动向量投影到运动特征空间里面,最后根据这个运动向量在运动特征空间中的残差进行人脸识别。

2003 年,何良华等人提出了一种基于 DWT-DCT 的面部表情识别方法。该方法首先利用二维离散小波在不明显损失图像信息的基础上对表情图像进行变换,变换后的图像数据量将会大幅减少;然后利用离散余弦变换方法提取代表原图像绝大部分信息的数据,并将其作为表情的特征矢量;最后利用马氏距离来进行面部表情识别。同年,尹星云等人根据马尔可夫模型(HMM)的基本理论和算法设计了一个人脸表情识别系统,在该系统中人脸表情特征向量进入系统后先经过低层 HMM 进行初步识别;然后将识别出来的结果组成一个高层 HMM 的观察向量;最后经过高层 HMM 解码后再确认表情,这种识别方法提高了系统的识别率,也增强了系统的健壮性。

2004 年,辛威提出了一种人脸表情自动识别方法,并将该方法分为人脸检测、自动提取脸部表情信息、表情分类三步。同年,叶敬福提出了基于图像差分的关键帧检测算法和基于 Gabor 小波变换的表情特征提取和识别算法,该算法不仅大幅减少了待识别的表情图像数量,而且最大限度地屏蔽了光照条件和个人特征的差异。

2005 年,周艳平等人提出了一种通过 Gabor 滤波器对人的脸部图像进行滤波的方法。该方法将提取滤波之后的图像统计信息作为表情识别的特征信息,然后采用多分类器集成的方法对得到的神经网络输出向量进行线性加权集成,最后显示出识别结果。同年,文沁与汪增福提出了一种新的基于三维数据的人脸表情识别方法;随后余棉水与黎绍发研究了一种基于光流的动态人脸表情识别方法,该方法主要利用光流技术对人脸的表情图像序列的特征点进行追踪,然后提取其中的特征向量,最后利用神经网络对 6 种基本表情进行分类识别。

2006 年,周建中与何良华提出了一种基于二维离散小波-离散余弦变换-支持向量机(DWT-DCT-SVM)的面部表情识别算法。同年,王吉林提出了一种通过 MATLAB 编程实现基于 BP 神经网络的人脸表情识别算法,并给出了仿真实验的结果。

2007 年,黄勇与应自炉提出了一种新的基于双决策子空间和径向基函数(RBF)神经网络的人脸表情识别方法。该方法首先采用 CKFD 算法在双决策子空间(核空间和值域空间)中进行决策分析,提取两类判决特征信息(常规信息和非常规信息);然后按照一定规则融合这两类判决特征信息;最后利用 RBF 神经网络分类器及融合特征进行人脸表情的分类。

2008 年,黄英杰提出了一种基于 PPBTF 的人脸表情识别方法,并设计了一个实时的表情识别系统,该系统在进行表情识别时不仅识别速度很快,而且对光照条件具有很好的健壮性。同年,李斐等人针对人脸表情自动识别系统的具体情况和要求,详细分析了边缘检测算法,并以 ORL 人脸数据库中某一人脸为例以 VC++ 为开发工具,实现了 5 种算子的边缘检测。

2009 年,董李燕等人提出了一种基于人脸局部特征的表情识别方法,这种方法主要是先选取人脸中比较重要的局部特征,然后对这些特征进行 PCA,再用 SVM 设计一个局部特征分类器来确定测试表情图像中的局部特征,并设计 SVM 表情分类器来确定识别到的表情图像属于哪个类别。这种方法的人脸表情识别优于一般的基于整体特征的人脸表情识别方法,准确性也相对较强。

2010 年,王林路提出了一种 AtoC(Abstract to Concrete)的模型,其原理是"从抽象到具体"。该模型先通过后验概率来体现原理中的"抽象"思想,然后进一步把测试数据送到一个小的分类器中来体现"具体"思想,最后进行人脸表情识别。随后,傅小兰提出了"表情是表现在面部或姿态上的情感信息,是人类表达自身情感信息的重要非言语性行为,可视为人类心理活动的晴雨表"的观点。

2011 年,王晓霞等人采用主动形状模型的方法来提取人脸的嘴巴几何特征,然后利用 Gabor 小波来提取测试图像中眼睛和眉毛的频域特征,最后通过提取的这些特征来进行人脸表情识别。

2012 年,刘帅师等人提出了一种新颖的应用对称双线性的模型来对人脸表情图像进行光照预处理的光照健壮性人脸表情识别方法。该方法对经光照处理的 JAFFE 人脸表情数据库的人脸表情识别的识别率达到了 92.37%,结果表明,该方法在识别性能上优于传统的光照预处理。

2013 年,易积政等人提出了一种基于特征点矢量与纹理形变能量参数融合的人脸表情识别方法,是为了有效去除个体差异造成的表情特征差异,以达到准确的人脸表情识别。

2014 年,朱明旱等人提出了一种基于稀疏表示的遮挡人脸表情识别方法。该方法使待测图像的分解系数变得更稀疏,同时避免了身份特征对表情分类的干扰。Cohn-Kanade 和 JAFFE 人脸表情库上的遮挡表情识别实验表明,该方法对遮挡人脸的表情识别具有较强的健壮性。

2016 年,陈向震等人设计了一种基于连续卷积的深度卷积神经网络模型,该模型采用小尺度的卷积核来更细致地提取面部的局部特征,并借助 2 个连续的卷积层提高模型的非线性表达能力,结合 Droput 技术降低神经元之间的相互依赖,利用抑制网络过拟合对模型进行优化。

2018 年,杨欣利提出了一种基于改进的卷积神经网络的人脸表情识别算法,利用改进的连续卷积的思想,通过修改 Alex Net 卷积神经网络,构建了一个新的卷积神经网络,即 Expression Net。同年,姚乃明等人提出了一种对人脸局部遮挡图像进行用户无关表情识别的方法,主要是为了解决现有表情识别方法未考虑表情和身份的差异导致的对新用户的识别不够健壮的问题。实验结果表明,该方法能显著提高人脸与表情识别的准确率。之后,汤春明等人提出了一种基于流形学习 2D-LDLPA 的东亚人人脸表情识别算法。该算法主要是为了解决如何准确提取出人脸的表情特征并设计出性能优越的分类器的问题,以及对含蓄的东亚人进行人脸表情识别的问题。该算法首先基于图像投影的方法提出了 2D-LDLPA,然后直接在表情图像的二维矩阵中提取面部特征,最后通过构造决策树来学习提取出来的表情特征,以提高东亚人的人脸表情识别准确率,进而使用随机森林的算法来实现分类。

2019 年,彭先霖等人提出了一种分层任务学习的人脸表情识别方法。该方法以现有深度卷积神经网络为模型基础来构造双层树的分类器,以替换输出层的平面 Softmax 分类器构建深度多任务学习框架,通过利用人脸表情标签和人脸标签共同学习更具辨识力的深度特征,将知识从相关人脸识别任务中迁移过来,从而达到减弱面部形态对表情识别的影响,提高表情识别性能的效果。同年,姚丽莎等人提出了一种基于卷积神经网络局部特征融合的人脸表情识别方法,该方法先构建一个 CNN 模型学习眉毛、眼睛、嘴巴 3 个区域的局部特征,然后将局部特征送入 SVM 分类器,以获取各类特征的后验概率,最后通过粒子群寻优算法优化各特征的最优融合权值,实现正确率最优的决策级融合,以完成对表情的分类。

2021 年,赵康提出了一种新的人脸识别算法,该算法通过离散余玄变换和基于类内平均脸的主成分分析法来揭示人脸图像的特征,并利用支持向量机进行分类。

2023 年,林平荣提出将面部数据看作整体,并将他们从高维空间映射到低维空间的基于向量机的识别算法。

2024 年,邱志强提出的局部遮挡人脸修复算法通过设计新颖的双模式训练方法和对抗性的"结构性"损失,保证了遮挡人脸的高质量恢复。

在未来智能社会的发展中,如何让机器人像人类一样理解、交流、表达情感,从而实现人机交互的流畅舒适,是当前人工智能研究的一个难题。所以,研究人脸表情识别是让机器人理解人类的重要一环,具有十分重要的意义。

5.2　相关技术及理论

5.2.1　人脸识别流程

人脸识别流程如图 5-1 所示。

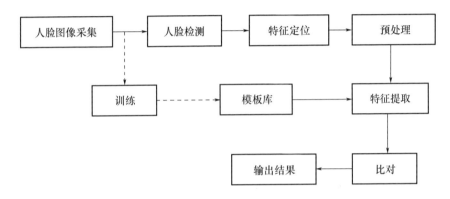

图 5-1　人脸识别流程

下面对人脸图像采集及人脸检测和特征提取进行介绍。

1.人脸图像采集及人脸检测

人脸图像采集及人脸检测是人脸识别的前期工作,要让计算机识别人脸,就要先训练计算机,让它进行大量的数据训练,以进行准确的识别。因此,前期需要采集大量人脸图像数据,包括睁眼、闭眼、戴眼镜、不戴眼镜、侧头、偏头、仰头、光线明亮、光线昏暗等不同状态下的图像,然后让计算机进行检测训练,实现熟练且准确的识别。

本章在相关研究的基础上,设计了基于 HOG 算法、CLNF 算法和旋转变换算法的人脸姿态校正方案。利用树莓派采集人脸信息,研究分析人脸结构,采用 DNN 算法对采集好的人脸进行训练,然后生成模型,为下一步工作做准备。

2.特征提取

在对人脸图像进行预处理后就可以进行特征提取了。人脸的共性包括眼睛、眉毛、鼻子、嘴巴及一个面部轮廓。只要提取这些特征点,就可以识别出人脸。

5.2.2　技术原理

人脸识别的技术核心是局部人体特征分析和图形/神经识别算法。这种算法是利用人体面部各器官及特征部位识别人脸的算法,一般情况下分为三步。

(1)建立人脸图像档案:用摄像机采集单位人员的人脸图像文件或者获取他们的照片形成图像文件,然后将这些图像文件生成面纹(Faceprint)编码储存起来。

(2)获取当前人脸图像:用摄像机捕捉当前人员图像,将其输入系统,最后将当前人脸图像文件生成面纹编码。

(3)将当前的面纹编码与档案库数据对比:将当前人脸图像的面纹编码与档案库中存储的面纹编码进行检索对比。

人脸的68个特征点是根据瓦希德·卡泽米(Vahid Kazemi)和约瑟芬·沙利文(Josephine Sullivan)提出的一种人脸识别的算法整理出来的68个特征点。

本章使用的是基于几何特征的识别方法。人的面部具有一个共性,即都有眉毛、眼睛、鼻子、嘴巴及一个面部轮廓,通过这些共性建立68个特征点,计算机识别人脸等同于识别这68个特征点。人脸的68个特征点如图5-2所示。

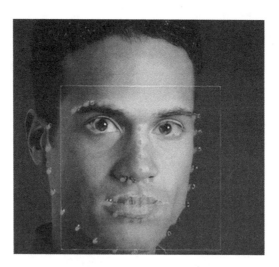

图 5-2　人脸的 68 个特征点

首先进行人脸检测,使用 HOG 算法。该算法先将原始图像转换成灰度图,去除色调、色相等与梯度没有任何关联的信息,然后采用 Gamma 公式对转换后的灰

度图像进行归一化处理。图像经归一化处理后可以平滑部分噪声,也可以减少局部强烈光线对梯度的影响。Gamma 公式为:

$$I(x,y) = I(x,y)^{\text{gamma}}$$

将灰度图像进行归一化后,即可计算图像的梯度幅值和梯度方向,具体计算公式如下:

$$G_x(x,y) = H(x + 1,y) - H(x - 1,y)$$

$$G_y(x,y) = H(x,y + 1) - H(x,y - 1)$$

$$G(x,y) = \sqrt{G_x(x,y)^2 + G_y(x,y)^2}$$

$$\alpha(x,y) = \arctan\left(\frac{G_y(x,y)}{G_x(x,y)}\right)$$

式中,$G_x(x,y)$ 表示每个像素点的横向梯度值;$G_y(x,y)$ 表示每个像素点的纵向梯度值;$G(x,y)$ 表示梯度幅值的大小;$\alpha(x,y)$ 表示梯度的方向。

算得图像的梯度幅值和梯度方向后,进行最小区间的梯度方向的计算,即先把图像分成多个多层的不同大小的区间,再从最小区间开始,根据梯度幅值的大小对其中的像素的梯度方向进行加权投票,将数值最大的梯度方向作为该区之间的梯度方向。

最后进行 HOG 计算,用加权投票的方法按从小到大的顺序合并梯度区间,当合并到最大的梯度时候就形成了梯度方向图,各区间的梯度相对位置都涵盖了图像的类别信息,通过提取特征的分类即可进行人脸检测。

构造一些参数分析器并分析参数,从磁盘加载序列画面检测模型、序列化的人脸嵌入模型及实际的人脸识别模型和标签编码器。然后初始化视频流让摄像头传感器预热,启动每秒传输帧数(Frames Per Second,FPS)吞吐量估计,循环视频文件流中的帧,从线程视频流中获取帧。将有人脸的框架宽度调整为 600 像素(同时保持纵横比),然后获取图像尺寸,从图像中构建一个二进制大对象(Binary Large Object,BLOb),应用 OpenCV 的基于深度学习的人脸检测仪进行定位,输入图像中的人脸。然后循环检测提取的 68 个特征点并进行预测,滤除弱探测,计算人脸边界框的 (x,y) 坐标,提取面部感兴趣区域(Region of Interest,ROI),并确保人脸边界框的宽度和高度足够大。之后为面部 ROI 构建一个 BLOb,然后传递BLOb,通过人脸嵌入模型得到 128-D 以此进行面部量化。最后对面部进行分类识别,并绘制人脸边界框,同时更新 FPS 计数器,并显示输出帧;停止计数并显示 FPS 信息。

5.3　表情识别的实现原理

5.3.1　识别流程

表情识别流程如图 5-3 所示。

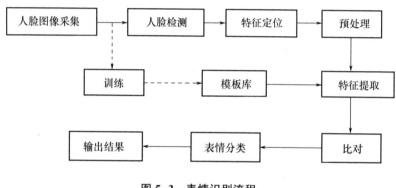

图 5-3　表情识别流程

下面对人脸图像采集与人脸检测、特征提取、表情分类进行介绍。

1.人脸图像采集与人脸检测

在进行表情识别前需要先采集人脸图像,再进行人脸检测,目的是让计算机通过大量的数据训练"熟悉"人脸,以在后期识别时得到一个相对准确的结果。

2.特征提取

在进行表情识别时,需要进行人脸图像特征提取。只有识别出图像中的人脸,才能识别这张人脸具有什么样的表情。

3.表情分类

表情识别其实就是在进行人脸识别后,将识别到的表情划分到 sad(难过的)、happy(开心的)、amazing(惊诧的)、angry(生气的)、disgust(厌恶)和 fear(害怕) 6 种基本表情中,并将识别出的结果呈现给用户。

5.3.2　技术原理

本章使用的表情识别方法是基于特征向量的方法,主要依据图像中的眉毛的倾斜程度与嘴部的开合大小判断表情。首先使用特征提取器提取人脸 68 个特征点;然后创建 OpenCV 摄像头对象,本章测试阶段使用的是计算机自带的摄像头,后期使用的是基于树莓派连接的摄像头。通过初始化摄像头返回的布尔值(true 或 false)来判断读取视频是否播放成功或者是否播放到了视频的末尾,每帧数据延时为 1 毫秒(ms),当延时为 0 时读取到的就是静态帧。随后对图像进行灰度化处理,使用人脸检测器检测每一帧图像中的人脸,并返回人脸数。

在检测中,如果没有检测到人脸,那么将在人脸识别框内显示"No Face";如果检测到人脸,那么检测到的每一张人脸都将标出 68 个特征点(在这里使用 enumerate 方法来返回数据对象的索引及这个数据),用红色的矩形框框出人脸,在框的内部用圆圈圈出人脸的 68 个特征点。分析任意 n 个点之间的相对位置关系,并将其作为表情识别的依据,而人在做表情时只有眼睛、眉毛、嘴巴的运动相对明显,所以主要分析眼睛、眉毛与嘴巴的相对位置。对于嘴巴,由于每个人嘴巴的咧开程度与张开程度是不一样的,所以主要计算嘴巴咧开程度与张开程度在人脸识别框中所占比例,通过这个比例来判断嘴巴咧开程度与张开程度。对于眉毛,通过两边眉毛上标出的 10 个特征点来分析挑眉程度和皱眉程度。首先计算两边眉毛的高度之和与两边眉毛的距离之和,然后计算眉毛的倾斜程度,拟合成一条直线,实际上拟合出的曲线斜率和实际的眉毛倾斜方向是相反的,所以可以通过斜率的相反数来确定眉毛的挑眉程度和皱眉程度。对于眼睛,通过计算上下眼睑距离与人脸识别框的比例来确定眼睛睁开的程度。最后,综合眼睛、眉毛、嘴巴的特征来判断这张人脸归属于 6 种基本表情中的哪一种。

5.4　传统的人脸与表情识别方法

传统的人脸与表情识别方法依赖于人工设计的特征(如边和纹理描述量)与机器学习技术(如 PCA、线性判别分析或 SVM)的组合。目前用到的识别特征主要有灰度特征、运动特征和频率特征。灰度特征从表情图像的灰度值上来处理,不同的表情有不同的灰度值。将灰度值作为识别依据,需要对图像的光照、角度等因素进行充分的预处理,使获得的灰度值具有归一性。运动特征是利用不同表情下人脸的主要表情点的运动信息来进行识别的。频率特征主要利用表情图像在不同频率分解下的差别,具有速度快的显著特点。具体的表情识别方法主要有以下三种:整体识别法和局部识别法、形变提取法和运动特征提取法、几何特征法和容貌特征法。

人脸部分表情的运动特征及具体表现如表 5-1 所示。

表 5-1　人脸部分表情的运动特征及具体表现

表情	额头、眉毛	眼睛	脸的下半部	整个头部
amazing	眉毛上抬,变高且变弯; 眉毛下的皮肤被强烈拉扯; 抬头纹可能横跨整个额头	眼睛睁大,上眼睑抬高,下眼睑下落; 眼白在黑眼仁的上边或下边露出或者上下都露出	下颌下拉,嘴张开,但嘴部不紧张,也不拉伸; 下颌下拉,嘴紧闭同时嘴角向中间收缩; 下颌下拉,嘴紧闭的同时嘴角向下	向前微倾; 微向后缩
happy	眉毛变弯或者不变	下眼睑下边有皱纹; 眼角向后微拉,下眼睑微上抬	嘴唇分开,牙齿露出; 嘴张大,牙齿露出; 唇角向后拉并向上扬; 一道皱纹从鼻子两边分别延伸到嘴角外部; 脸颊均会变宽	头向后仰; 向下微低头
angry	眉间距变小,额头有皱纹	眼内角的上眼睑压低,下眼睑微微上抬; 上眼睑下垂	嘴角紧闭; 嘴微张大,同时伴有轻微颤抖	不动; 微上抬

5.5　基于深度学习的人脸与表情识别方法

5.5.1　使用深度卷积神经网络模型

一个卷积神经网络包括一个输入层、一个卷积层、一个输出层,在实现特征提取时常使用多个卷积层,因为提取出来的特征是抽象的,越抽象的图像越容易被识别和分类出来。通常情况下,一个卷积神经网络在卷积层之后还包括池化层和全连接层,最后才是输出层。本章使用的就是卷积神经网络模型,该模型具有以下特点。

(1)局部连接,共享权重。全连接的结构形式使得计算量巨大,而卷积神经网络由于权值共享,原来的计算量降低了4个数量级,显著提高了计算的效率。

(2)池化与降采样。池化可以降低计算量,使信息逐级抽象化,进行少量平移,有旋转不变性。上采样就是把采集到的图像在原图像的基础上等比例放大,降采样就是把采集到的图像在原图像的基础上等比例缩小,这种同比例缩放图片不会对检测结果造成影响,相反,可以提高图像的识别率。

众所周知,一幅图像中的相邻位置的像素是相关的,所以当我们按照一定规律挡住部分图像时依然能看出原来的图像。卷积处理的分解图像如图 5-4 所示。

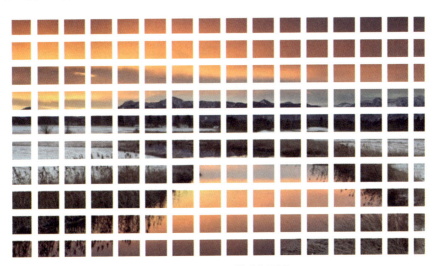

图 5-4　卷积处理的分解图像

池化便是在卷积处理的分解图像的基础上,使用一个小的特征图像块从左到右、从上到下进行"扫描"。池化过程图如图 5-5 所示。大多数情况下使用的是最大池化(Max Pooling)。

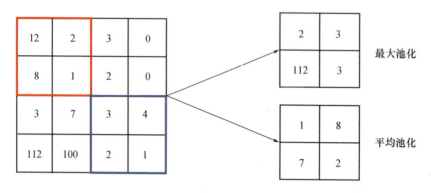

图 5-5　池化过程图

本章使用的是深度卷积神经网络模型。深度卷积神经网络结构如图 5-6 所示。

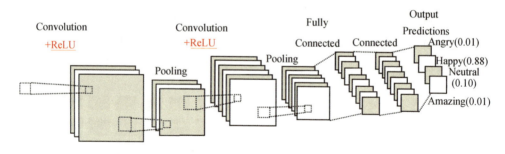

图 5-6　深度卷积神经网络结构

深度卷积神经网络中使用的参数如表 5-2 所示。

表 5-2　深度卷积神经网络中使用的参数

Layer(type)	Output Shape	Param#
conv2d_1(Conv2D)	(None,26,26,32)	320
conv2d_2(Conv2D)	(None,24,24,32)	9248

Layer(type)	Output Shape	Param#
Layer(type)	Output Shape	Param#
max_pooling2d_1(MaxPooling2D)	(None,12,12,32)	0
dropout_1(Dropout)	(None,12,12,32)	0
flatten_1(Flatten)	(None,4608)	0
dense_1(Dense)	(None,128)	589952
dropout_2(Dropout)	(None,128)	0
dense_2(Dense)	(None,10)	1290

5.5.2　使用 DNN 进行分类输出

DNN 可以理解为一个包含两层或者多层隐藏层的神经网络,在这个神经网络中,层与层之间是互连的,而且是以全连接的方式连接的,这样就产生了一个线性关系 $Z = \sum W_i X_j + b$。DNN 基本结构如图 5-7 所示。

为解决分类的问题,需对全连接的 DNN 进行改良。输出神经元相当于最终分类的类别,可将输出层的第 n 个神经元的激活函数(Softmax)用如下公式表示:

$$a_n^L = \frac{e^{z_n^L}}{\sum_{j=1}^{i_L} e^{z_j^L}}$$

式中, i_L 是输出层第 L 层的神经元个数(也可以说是分类的类别数)。

对应的损失函数如下:

$$J(W,b,a^L,y) = -\ln a_k^L \sum_k yk$$

式中, yk 的取值为 0 或 1。因为一个样本只能属于一个类别,所以上式可用如下公式表示:

$$J(W,b,a^L,y) = -\ln a_k^L$$

5.5.3　使用树莓派作为采集终端

机器人在进行人脸与表情识别时往往用硬件与软件相结合的方式来进行,其

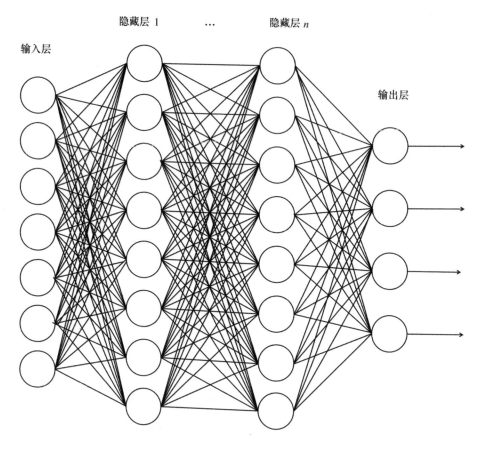

图 5-7 DNN 基本结构

中,安装在机器人身上的硬件体积越小越好。为此,本章采用树莓派作为识别系统的硬件设备,树莓派有着体积小、成本低、功能较全面的特点。与其他嵌入式微控制器相比,树莓派不仅可以完成相同的 I/O 引脚控制,也能运行相应的操作系统,还可以完成更复杂的任务管理与调度,支持更上层的应用与开发,为开发者提供更广阔的应用空间。与一般计算机相比,树莓派可提供 I/O 引脚,也可以直接控制其他低层硬件。将树莓派安装在机器人中,不仅美观,还可以完成一些复杂的控制。

5.6　情绪感知原理

5.6.1　情绪分析

情绪分析是一个复杂的过程,经研究表明,一系列的表情数据可以反映人一段时间内的情感状态。本章通过分析被检测者 3 分钟(min)内的表情数据,对 happy、amazing、angry 和 neutral 4 种表情数据采用 Apriori 算法进行关联分析,总结表情和情绪之间的关系。

5.6.2　Apriori 算法

Apriori 算法是一种挖掘关联规则的频繁项集算法,其核心是基于两阶段频集思考的递推。Apriori 算法是一种挖掘布尔关联规则频繁项集的算法,其使用了一种被称作逐层搜索的迭代方法,即利用"$K-1$ 项集"搜索"K 项集"。找出频繁"1 项集"的集合,记作 L_1。L_1 用于搜索频繁"2 项集"的集合 L_2,而 L_2 用于搜索 L_3,直到不能找到"K 项集"。搜索每个 L_k 都需要进行一次数据库扫描。

Apriori 算法的核心思想是连接步和剪枝步。连接步是自连接,原则是保证前 $k-2$ 项相同,并按照字典顺序连接。剪枝步是使任一频繁项集的所有非空子集必须是频繁的,如果某个候选的非空子集不是频繁的,那么该候选肯定不是频繁的。

5.7　前　期　准　备

5.7.1　平台的选择

目前主流的深度学习平台有 TensorFlow、OpenCV、Caffe 和 Caffe2。由于本章实验是在树莓派上进行的,所以本章综合吞吐量、功耗、精度 3 个指标,选择合适的平台。

本章采用 ILSVRC 比赛的数据集。ILSVRC 是机器视觉领域最近几年最受欢迎的学术竞赛之一,代表了当今图像领域的最高水平。ImageNet 数据集是

ILSVRC 竞赛使用的数据集,该数据集包含 1 400 多万张全尺寸的有标记的图片。ILSVRC 竞赛每年都会从这个数据集中抽出部分样本来进行测试,所以本章研究在ImageNet 37 ILSVRC 2012 数据集上计算了 Top-1 和 Top-5 的实验数据。针对一张测试图片,模型预测的概率第一的是正确答案,该正确答案的占比就是 Top-1;模型预测的概率前五的结果中包含正确答案,该正确答案的占比就是 Top-5。ImageNet 37 ILSVRC 2012 数据集由一个包含 1 000 个对象类别的可变分辨率彩色图像组成。因 DNN 模型的输入的大小是固定的,故本章将图像大小调整为 256 像素×256 像素×3,然后截取图像中央的色块。DNN 模型的 Top-1 精度如图 5-8 所示。

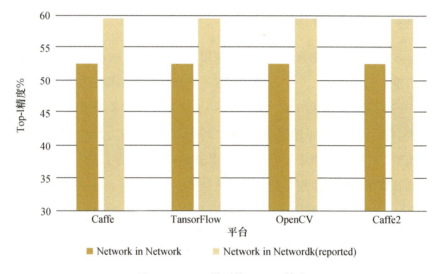

图 5-8　DNN 模型的 Top-1 精度

在图 5-8 中,深色柱状条为本章研究实验结果,浅色柱状条为原始研究论文报告的结果。结果表明,本章实验结果与原始的报告结果的准确性基本一致,其中的偏差可能来源于预处理的差异。

在 Top-1 精度上,本模型和原始的报告结果的准确性基本一致。

1.吞吐量

本章将调整的 ImageNet 37 ILSVRC 2012 数据集的 100 个图像的推理时间平均化,计算较少的图像的平均 FPS 约为 64 帧/秒,并始终确保 CPU 频率保持或接近其最大值,通过获得输入图像来为特定模型准备计算 FPS。每个平台的平均 FPS 吞吐量如图 5-9 所示。

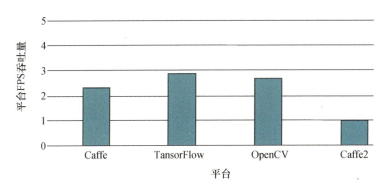

图 5-9　每个平台的平均 FPS 吞吐量

在图 5-9 中,我们对比了 4 种平台在树莓派上的 FPS 吞吐量。由图 5-9 可以看出,OpenCV 和 TensorFlow 的平均 FPS 吞吐量较大。

2.功耗

本章实验是在树莓派上进行的,树莓派的启动过程可能导致处理器浪费其他任务中的电源和时钟周期。不启动不必要的进程和服务,可减少操作系统对性能的影响。本章研究在实验过程中断开了所有外围设备,在这样的条件下,空闲时系统功耗约为 1.3 W。每个平台的平均功耗如图 5-10 所示。

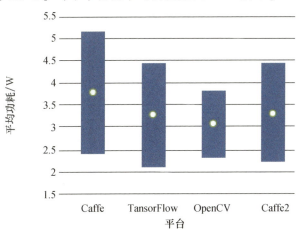

图 5-10　每个平台的平均功耗

从图 5-10 可以看出, OpenCV 和 Caffe2 的平均功耗较小。

3.FoM 指标

通过参考了文献, 本章采用 FoM 指标, 该指标综合了吞吐量、功耗和精度 3 个指标, 具体关系为

$$FoM = 精度 \times \frac{吞吐量}{功耗}$$

FoM 指标对比结果图(Top-1)如图 5-11 所示; FoM 指标对比结果图(Top-5)如图 5-12 所示。

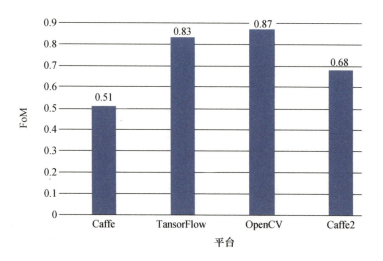

图 5-11　FoM 指标对比结果图(Top-1)

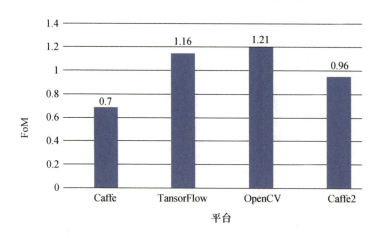

图 5-12　FoM 指标对比结果图(Top-5)

由图 5-11 可知,在 Top-1 精度上,四个平台中 OpenCV 综合性能最好。

由图 5-12 可知,在 Top-5 精度上,四个平台中 OpenCV 综合性能最好。

由以上的实验结果可知,FoM 最佳的组件是 OpenCV;吞吐量较高的组件是 OpenCV 和 TensorFlow;功耗较低的组件是 OpenCV 和 Caffe2。综上所述,OpenCV 在 FoM、吞吐量及功耗上都有很好表现,因此本章研究决定在树莓派中采用 OpenCV 平台。

5.7.2　环境的搭建

1.软件环境

网站端:本章研究主要使用 ASP.NET 平台搭建网站,语言主要使用了 C++和 Python,采用人脸活体检测技术、HTML 技术、PythonWeb 框架等进行人脸与表情识别。

服务器端:本章主要在 Linux 平台上创建一个 Apache 服务器,并架设一个网站。

2.硬件环境

树莓派端:本章将树莓派作为采集终端,然后在树莓派上安装 TensorFlow、Keras、OpenCV 等软件。这些软件的作用是辅助树莓派进行人脸识别。

5.7.3　TensorFlow 和 Keras 的安装

在树莓派中安装 TensorFlow 和 Keras 的步骤如下。

1.安装 Etcher

安装 Etcher 的作用是帮我们在树莓派中安装树莓派操作系统。

(1)下载并打开 Etcher-Setup-1.4.4-x64.exe 安装包,出现如图 5-13 所示界面。

(2)选择一个镜像,这里以 2018-06-27-raspbian-stretch.img 为例。

(3)在计算机中插入树莓派的 SD 卡,单击"Select drive"按钮,然后打开"我的电脑",找到插入的 SD 卡。

(4)单击"Flash"按钮进行系统安装。

图 5-13　Etcher-Setup-1.4.4-x64.exe

2.安装 PLDriver

安装 PLDriver 的作用是安装树莓派的串行通信端口驱动程序,让计算机能够识别树莓派的串口。

3.安装 PuTTY

PuTTY 是一个由纯 TCP、Telnet、rlogin、SSH 及串行接口连接的软件,较早的版本仅支持 Windows 操作平台,但在 0.73 版本中已支持各类 Unix 平台。

从网上下载 PuTTY 安装包后直接运行。打开 PuTTY 后,选择 Serial 选项,查看 Windows 设备管理器中的端口,并将 COM1 的 Speed 设置为 115200,具体界面如图 5-14 所示。

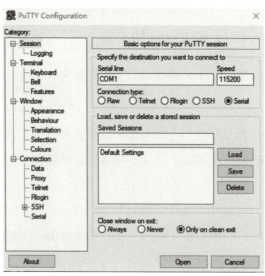

图 5-14　PuTTY 设备管理窗口配置

所有操作完成后,按回车键即可连接到树莓派。

完成上述操作后就可以安装 TensorFlow 和 Keras 了。通过 PuTTY 连接树莓派,在打开的界面中,输入相应的账户和密码,进入树莓派的 Linux 系统。输入"sudo su －"命令进入如图 5-15 所示的管理员权限界面。

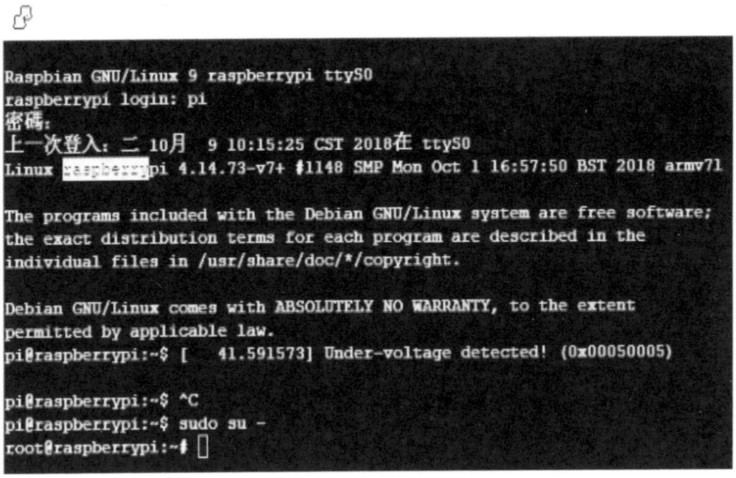

```
Raspbian GNU/Linux 9 raspberrypi ttyS0
raspberrypi login: pi
密码:
上一次登入: 二 10月  9 10:15:25 CST 2018在 ttyS0
Linux          pi 4.14.73-v7+ #1148 SMP Mon Oct 1 16:57:50 BST 2018 armv7l

The programs included with the Debian GNU/Linux system are free software;
the exact distribution terms for each program are described in the
individual files in /usr/share/doc/*/copyright.

Debian GNU/Linux comes with ABSOLUTELY NO WARRANTY, to the extent
permitted by applicable law.
pi@raspberrypi:~$ [   41.591573] Under-voltage detected! (0x00050005)

pi@raspberrypi:~$ ^C
pi@raspberrypi:~$ sudo su -
root@raspberrypi:~#
```

图 5-15　管理员权限界面

由于在安装 TensorFlow 和 Keras 时需要网络资源,所以安装 TensorFlow 前需要让树莓派连接网络。因此,应先配置 IP 地址,具体方法如下。

首先将网卡 eth0 的 IP 地址配置为 120.109.48.253,子网掩码配置为 255.255.255.192;然后添加一条默认路由,使用 120.109.48.254 作为网关,最后 ping 一下百度确认是否可以上网。

在确认可以上网后即可开始安装 TensorFlow,其中必要的安装套件包括:tensorflow-1.11.0-cp35-none-linux_armv7l.whl,Python3-dev,Python3-setuptools,Python3-skimage,Python3-numpy,Python3-scipy,Python3-h5py,libblas-dev,liblapack-dev,libatlas-base-dev,libatlas3-base。

安装好 TensorFlow 后便可安装 Keras,其中必要的安装套件包括 mock,keras,imageio。

TensorFlow 和 Keras 安装完成后还需要查看 anaconda 的版本和树莓派对应的 TensorFlow 和 Keras 版本是否一致,若不一致则要升级到一致的版本。

5.7.4　OpenCV 的安装

（1）卸载树莓派预装的一些套件。因 OpenCV 占用的内存较大，且树莓派里有很多较大的套件是本章不需要的，所以可以删除，以腾出内存。删除的套件包括：purge wolfram-engine，purge libreoffice＊，clean，autoremove。

（2）更新升级相关组件。使用"apt-get update && sudo apt-get upgrade"语句进行更新。

（3）安装 cmake 及其依赖。使用"apt-get install build-essential cmake pkg-config － y"语句安装 cmake 及其依赖。

（4）安装图像视频处理的一些依赖套件。套件包括：libjpeg-dev libtiff5-dev libpng12-dev，libavcodec-dev libavformat-dev libswscale-dev libv4l-dev，libxvidcore-dev libx264-dev，libgtk2.0-dev libgtk-3-dev，libatlas-base-dev gfortran。

（5）安装 Python3。使用"apt-get install Python3 Python3-setuptools Python3-dev － y"语句安装 Pytnon3。

（6）下载 OpenCV 和 opencv_contrib 软件包并解压。下载 OpenCV 和 opencv_contrib 软件包并进行解压。

（7）安装 Python 管理工具 pip。登录 https://bootstrap.pypa.io 网站，下载 pip 并进行安装。

（8）安装 OpenCV。安装 OpenCV 时需要先进行版本兼容检查。

OpenCV 的安装过程所需时间较长，安装完成之后可用 Python 查看 OpenCV 的版本信息。

5.7.5　模型的训练

搭建卷积神经网络模型并进行训练，本章使用在输入层后加入一个 $1×1$ 的卷积层的方法来搭建卷积神经网络模型。该方法不仅可以增加非线性表示、加深网络、提升模型表达能力，而且基本不增加原始计算量。根据 VGG（Visual Geometry Group）模型网络的思路将 $5×5$ 的网格拆分为两层 $3×3$ 的网格，但是最后效果不太理想。在尝试了多种不同模型后，最终选用如表 5-3 所示的模型结构。

表 5-3　模型结构

种类	核	步长	填充	输出	丢弃
输入				48×48×1	
卷积层 1	1×1	1		48×48×32	
卷积层 2	5×5	1	2	48×48×32	
池化层 1	3×3	2		23×23×32	
卷积层 3	3×3	1	1	23×23×32	
池化层 2	3×3	2		11×11×32	
卷积层 4	5×5	1	2	11×11×64	
池化层 3	3×3	2		5×5×64	
全连接层 1				1×1×2048	50%
全连接层 2				1×1×1024	50%
输出				1×1×7	

本章在模型训练过程中使用 ImageDataGenerator 来实现数据增强,通过 flow_from_ driectory 根据文件名称来划分标签,优化算法使用 SGD,激活函数使用 ReLU。激活函数对比图如图 5-16 所示;loss ReLU 与 loss Tanh 对比图如图 5-17 所示。

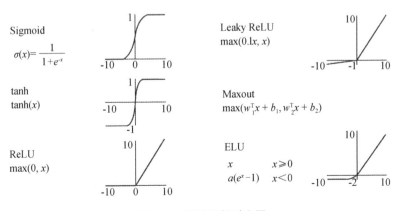

图 5-16　激活函数对比图

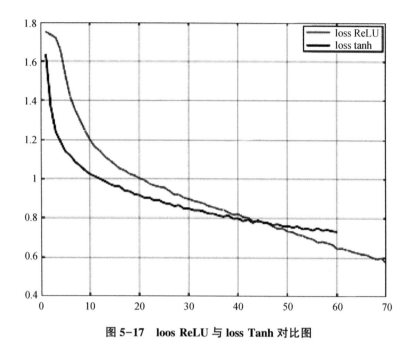

图 5-17　loos ReLU 与 loss Tanh 对比图

因 loss ReLU 与 loss Tanh 最近似,所以本章仅对比这两种函数。由图 5-16 与图 5-17 可知,ReLU 有着收敛快、计算简单、不容易过拟合的特点。本章不使用 Tanh 和 Sigmoid 的原因就是这两种激活函数在训练后期会因为没有进行归一化处理而产生梯度消失,进而导致训练困难。在经过多次实验后得到如表 5-4 所示数据。

表 5-4　loss ReLU 数据

批尺寸	256	128	64	32	1
每次迭代的步数	100	200	400	800	25 600
一次迭代的时间	205 s	118 s	76 s	58 s	大于 30 min
迭代的次数	50	50	50	50	——
测试集准确率/%	0.679	0.684	0.675	0.651	——

由表 5-4 的数据可知,当批尺寸为 128、迭代的次数为 50 次时,测试集准确率最高,所以本章采用这种卷积神经网络模型进行人脸与表情识别。

5.8　识别过程与结果

5.8.1　人脸与表情识别过程

1.人脸识别

在进行人脸识别时,首先要将需识别的人脸图像上传到本地图像文件夹中;然后训练模型,让计算机熟悉人脸。上传的照片越多,计算机的识别准确度越高,一般情况下上传的照片不能少于 5 张,否则将识别错误。

人脸识别的具体流程框架如图 5-18 所示。

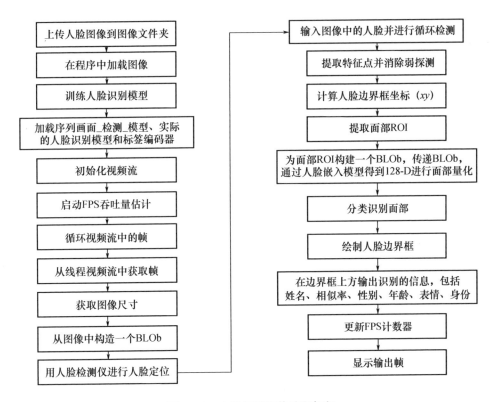

图 5-18　人脸识别具体流程框架

2.表情识别

表情识别是直接捕获人脸,然后实时识别的。表情识别具体流程框架如图5-19所示。

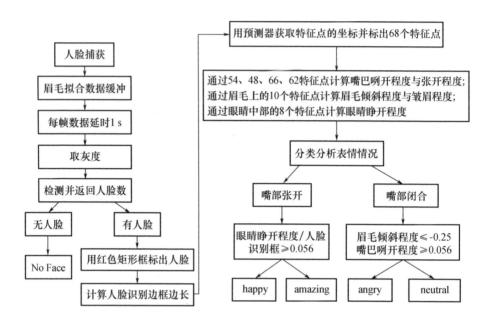

图5-19 表情识别具体流程框架

3.表情识别到情绪感知流程

根据相关文献研究及生活经验可知,一个人的情绪变化是一个连续的过程,情绪的切换往往有一个过渡过程,在一段交流中,不管真实的情绪是 happy 还是 sad,neutral,表情都会占据很大比例。并且一个连续的情绪状态,如 happy、sad、a-mazing 和 neutral 等面部表情持续时间占比结构有很强的内在关联性。如果一个人在一段时间内 happy 的表情占很大比重,并且 happy 表情的统计数值呈阶段性上升的趋势,那么就可以判断这个人在该时间段的情绪为 happy。通过文献研究和实验分析发现,4 种表情(happy、sad、amazing 和 neutral)占比和情绪之间有很强的关联性。本章通过 Apriori 算法,分析其关联规则,以判断情绪状态。表情识别到情绪感知具体流程框架如图5-20所示。

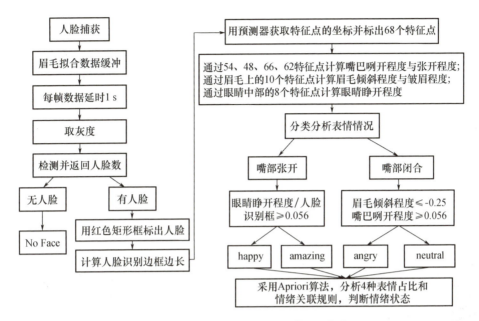

图 5-20　表情识别到情绪感知具体流程框架

5.8.2　人脸与表情识别结果

1.人脸识别结果

人脸识别部分的识别结果对比如图 5-21 所示。

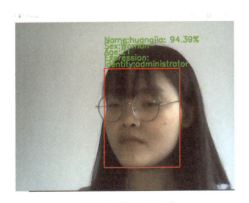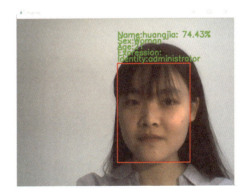

（a）戴眼镜人脸识别　　　　　　　　（b）不戴眼镜人脸识别

图 5-21　人脸识别部分的识别结果对比（一）

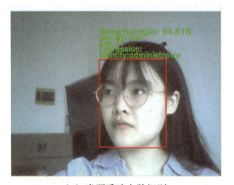

（c）光照昏暗人脸识别　　　　　　　　　　（d）光照明亮人脸识别

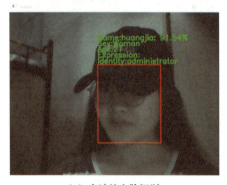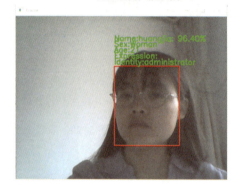

（e）有遮挡人脸识别　　　　　　　　　　　（f）戴帽子人脸识别

续图 5-21

　　为保证数据的真实性，本章还对另一位同学进行了人脸识别，对比结果如图 5-22 所示。

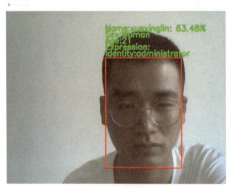

（a）戴眼镜人脸识别　　　　　　　　　　　（b）不戴眼镜人脸识别

图 5-22　人脸识别部分的识别结果对比（二）

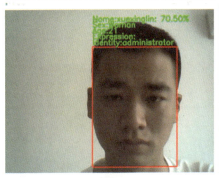 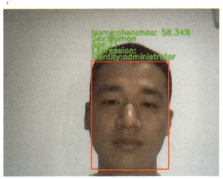

（c）光照昏暗人脸识别　　　　　　　　（d）光照明亮人脸识别

（e）有遮挡人脸识别

续图 5-22

2.表情识别结果

戴眼镜与不戴眼镜 neutral 表情识别对比如图 5-23 所示。

（a）戴眼镜　　　　　　　　　　　（b）不戴眼镜

图 5-23　戴眼镜与不戴眼镜 neutral 表情识别对比

戴眼镜与不戴眼镜 happy 表情识别对比如图 5-24 所示。

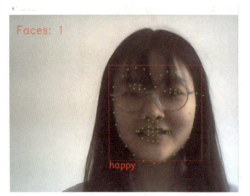

（a）戴眼镜　　　　　　　　　　　　（b）不戴眼镜

图 5-24　戴眼镜与不戴眼镜 happy 表情识别对比

戴眼镜与不戴眼镜 amazing 表情识别对比如图 5-25 所示。

（a）戴眼镜　　　　　　　　　　　　（b）不戴眼镜

图 5-25　戴眼镜与不戴眼镜 amazing 表情识别对比

戴眼镜与不戴眼镜 angry 表情识别对比如图 5-26 所示。

（a）戴眼镜　　　　　　　　　　　　（b）不戴眼镜

图 5-26　戴眼镜与不戴眼镜 angry 表情识别对比

5.8.3　情绪感知识别结果

　　本章主要通过分析一个人在一段固定时间内表现出来的某种表情的次数,来判断其情绪。考虑到表情的多样性与复杂性,本章研究每 0.5 秒捕获一张人脸图像,统计 3 分钟内该人脸各种表情出现的次数,综合分析这个人的情绪状态。研究采集了 30 个不同年龄、不同性别、不同图像背景、不同光照强度下针对 10 个不同话题的测试者的人脸表情。部分测试者的基本情况说明如表 5-5 所示。

表 5-5　部分测试者的基本情况说明

测试者	性别	年龄/岁	光照强度	测试背景
1 号	男	21	光照正常	交谈话题为学校食堂饭菜
2 号	女	22	光照略暗	交谈话题为职业规划
3 号	女	20	光照昏暗	交谈话题为南北方蟑螂的区别
4 号	男	23	光照明亮	交谈话题为毕业之后最想做什么
5 号	女	19	光照正常	交谈话题为今天吃了什么
6 号	男	20	光照昏暗	交谈话题为高考后最遗憾的事
7 号	女	23	光照略暗	交谈话题为最讨厌的事是什么
8 号	男	22	光照正常	交谈话题为夏天是否睡午觉

续表5-5

测试者	性别	年龄/岁	光照强度	测试背景
9 号	女	21	光照略暗	交谈话题为是否喜欢看偶像剧
10 号	男	18	光照明亮	交谈话题为是否遇到过素质差的人

1 号测试者测试结果对比如表 5-6 所示。

表 5-6　1 号测试者测试结果对比

测试者	happy	amazing	angry	neutral	实验结果	真实情绪
1 号	46	20	9	285	neutral	neutral
1 号	57	14	13	276	neutral	neutral
1 号	11	102	112	136	amazing	angry
1 号	234	25	7	94	happy	happy
1 号	74	53	3	230	neutral	neutral
1 号	69	133	4	154	neutral	amazing
1 号	22	64	189	85	angry	angry
1 号	20	14	30	296	neutral	neutral
1 号	203	23	17	117	happy	happy
1 号	22	77	106	155	neutral	angry

通过表 5-6 可以看出,表情不能完全代表一个人的情绪,这也体现了人类表情的复杂性与多样性。实验结果与测试人的真实情绪几乎是相符的,但是表 5-6 中有 3 个结果不相符,这是因为人类情绪是一个连续的过程,每个情绪都不是孤立存在的。所以,我们不仅要分析表情,还要对表情数据做序列化分析,同时要结合说话人的语调。目前,本章研究主要针对表情的变化判断情绪,对于表情变化不明显但语调明显的判断还未实现。后期本章将会加入语音模块,联立表情和语调综合分析测试者的情绪,其识别率将会提高。

情绪感知测试实验中,两位测试者的情况如图 5-27 所示。

本章提取了 1 号测试者的 happy 状态,每秒截取 2 帧图像,分析 1 分钟内的数据,最后综合判别情绪与时间的关系图,如图 5-28 所示。

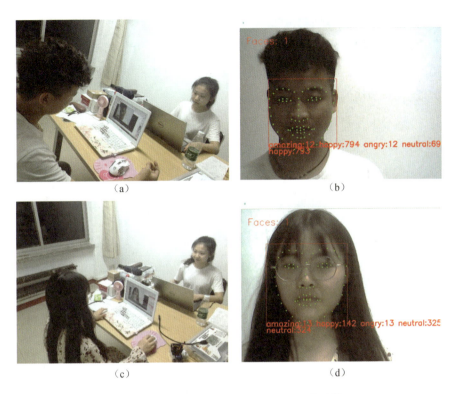

图 5-27　情绪感知测试实验中两位测试者的情况

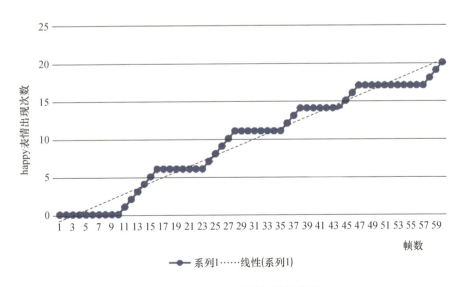

图 5-28　happy 表情数据趋势图

通过图 5-28 中的数据趋势可以看出,在交谈过程中,1 号测试者 happy 表情数据呈阶段性上升趋势,这说明 happy 情绪是一个持续的过程,由此可知 1 号测试者在当时的谈话中处于非常开心的情绪状态。我们还可以根据其情绪波动的次数和幅度,判断情绪的深度情况。

接下来,对 1 号测试者在 10 次交谈中的 4 种表情结构进行分析,表情占比如表 5-7 所示。

表 5-7　表情占比

测试者 1	happy	amazing	angry	neutral	实验结果	真实情绪
1	12.77%	5.56%	2.50%	79.17%	neutral	neutral
2	15.83%	3.89%	3.61%	76.67%	neutral	neutral
3	3.06%	28.25%	31.02%	37.67%	amazing	angry
4	65.00%	6.94%	1.94%	26.12%	happy	happy
5	20.56%	14.72%	0.83%	63.89%	neutral	neutral
6	19.17%	36.94%	1.11%	42.78%	neutral	amazing
7	6.11%	17.78%	52.50%	23.61%	angry	angry
8	5.56%	3.89%	8.33%	82.22%	neutral	neutral
9	56.39%	6.39%	4.72%	32.50%	happy	happy
10	6.11%	21.39%	29.44%	43.06%	neutral	angry

表情测试结果饼状图如图 5-29 所示。

通过对图 5-29 的分析可以看出,4 种表情之间的结构关系和最终情绪判断有很强的关联性,接下来,本章通过 Apriori 算法来挖掘 4 种表情占比和最终情绪之间的关联规则。

Apriori 算法不是本章介绍的重点内容,以下只对其简单步骤进行阐述。

依据关联规则数据挖掘理论及原理,数据库中样本量越大,变量越多,则所需挖掘的知识越多。本章以情绪结果为输出字段,为了尽可能多地发现各种表情占比的特征,设置最小支持度为 0,以“四种表情占比”为输入字段,设置最小置信度为 60%,探究各种表情占比对情绪结果的关联规则及影响。

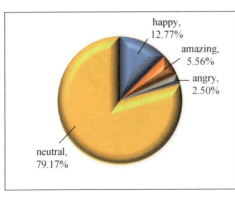

（a）结果1

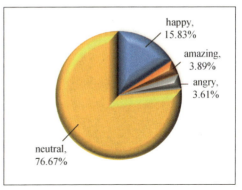

（b）结果2

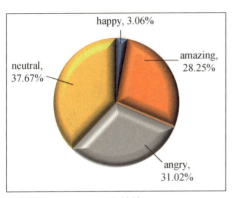

（c）结果3

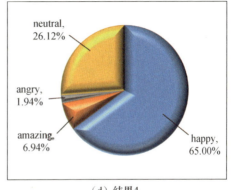

（d）结果4

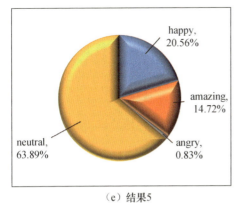

（e）结果5

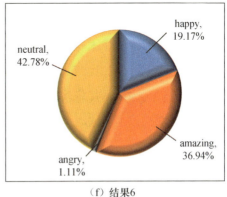

（f）结果6

图 5-29　表情测试结果饼状图

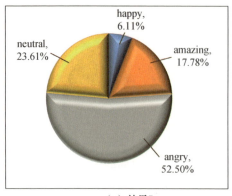

（g）结果7

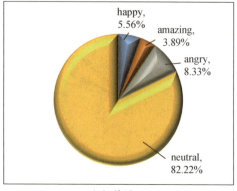

（h）结果8

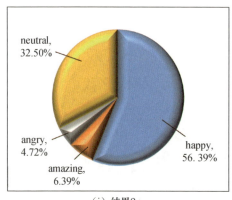

（i）结果9

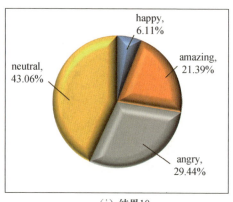

（j）结果10

续图 5-29　表情测试结果饼状图

　　第一步,数据清洗。根据获取的原始数据的特点,体质测量数据中身体情况异常的,如生病、受伤或身体残疾的学生及因事请假或无故缺测的学生,其数据值为空或不完整,这些数据都将被视为噪声数据,需要被清理。

　　第二步,消减数据。输入数据只保留 4 种表情的占比,其他属性重复因素将被删除。

　　第三步,对数据进行变换。本章将情绪简单分为 happy、angry、neutral、amazing 4 种,使得每个数据指标对分析结果都具有一定影响度,从而使数据挖掘的结果更合理。另外,还要对某些指标进行组合。由于 4 种表情数据占比只有组合起来才有意义,因此要预先对一些指标进行组合。

　　在进行以上数据预处理之后,把数据带入 Apriori 算法进行分析,分析结果如

表 5-8 所示。

表 5-8　关联规则表

序号	规则
规则 1	happy 占比大于 56% 且 neutral 占比大于 26%，则表明情绪为 happy
规则 2	neutral 占比大于 63% 且 amazing、angry、happy 各项占比均小于 20%，则表明情绪为 neutral
规则 3	angry 占比大于 50% 且 neutral 占比大于 23%，则表明情绪为 angry
规则 4	amazing 占比大于 28% 且 neutral 占比大于 37%，则表明情绪为 amazing

依据上述规则，本章随机选取了 10 名测试者在受访时的表情数据。通过这些数据验证此规则，结果如表 5-9 所示。

表 5-9　其他测试者验证结果

测试者	测试结果	真实结果	是否相符
测试者 2	neutral	neutral	是
测试者 5	amazing	angry	否
测试者 7	happy	happy	是
测试者 11	neutral	neutral	是
测试者 15	neutral	neutral	是
测试者 19	angry	angry	是
测试者 21	neutral	neutral	是
测试者 24	happy	happy	是
测试者 28	neutral	neutral	是
测试者 30	neutral	neutral	是

通过表 5-9 可知，10 项验证结果中有 9 项与真实结果相符，说明本章分析得出的规则具有良好的指导意义，可以通过此规则对人脸的表情数据进行分析，并判断情绪。

5.9 总　　结

　　本章是基于深度学习的情绪感知研究,实现了一种基于深度学习的树莓派人脸与表情识别系统。本章采用了深度神经网络,通过树莓派上进行的性能对比实验,确定了采用 OpenCV 平台,在 Linux 上安装 TensorFlow、Keras、OpenCV 等套件,采用 HOG 算法进行特征提取。本章利用人脸识别和表情识别结果,对 30 个测试者在 10 个话题下的表情识别数据进行序列化分析,采用 Apriori 算法对 happy、a-mazing、angry、neutral 4 种表情占比和情绪之间的关联性进行了分析,得出了 4 条关联规则。

第6章　基于机器视觉的安全帽检测与识别

6.1　绪　　论

计算机视觉是一个利用计算机和数字图像处理技术来模拟人类视觉的过程。其原理是从图像或者视频中提取关键信息、分析和理解图像内容的技术和方法。计算机视觉的应用领域非常广泛，包括人脸识别、图像识别、目标检测、视频监控、医学影像分析、自动驾驶等。

计算机视觉技术涉及的方法主要包括图像采集、图像预处理、特征提取、模式识别和检测等。图像采集是通过相机或者是其他传感器设备拍摄到的图像。图像预处理是对图像进行去噪、增强等相关处理，从而消除图像中的无关信息。特征提取是从图像中提取出具有判别性的特征。模式识别是利用机器学习或是深度学习等方法根据样本的特征将样本进行分类和识别。

近年来，随着人工智能和深度学习技术的发展，计算机视觉取得了巨大的进展，特别是在图像识别、目标检测和语义分割等方面。如今，计算机视觉技术已经涉及各个领域，像智能建筑、智慧医疗、智能安防、自动驾驶等。计算机视觉技术已经成为人工智能和深度学习领域的重要分支，对于推动智能化、自动化等领域的发展具有重要意义。

6.1.1　计算机视觉技术的发展

计算机视觉技术的出现可以追溯到20世纪50年代，但直到近年来才取得了显著的进展。随着机器学习和深度学习技术的蓬勃发展，计算机视觉在图像识别、目标检测、人脸识别、图像生成等领域取得了重大突破。

在早期，利用计算机处理图像是一项非常困难的任务，即使在实验室环境中也很难得到较好的处理结果。那时的机器学习系统是通过特征手动设计而成，需要依赖"专家"的直觉进行特殊的设计,这些设计对图像中的特定模式起作用。然而,解决现实世界中的问题需要花费大量的时间将这些方法融合在一起以达到较好的效果。

第二个阶段是 2010 年后,计算机视觉发生了巨大变化。当时,人们看到了自计算机被发明以来计算机视觉领域的重大革命。2012 年,在 ImageNet 大规模视觉识别挑战赛上,名为 AlexNet 的计算机视觉算法脱颖而出,其识别率比竞争对手提高了 10%左右,这一突破性的进展为计算机视觉领域带来了新的方向和可能性。

第三个阶段是深度学习的兴起。自 AlexNet 的突破之后,深度学习技术逐渐成为计算机视觉领域的主流方向。通过神经网络和深度学习算法的应用,计算机视觉系统能够自动地从数据中提取具有判别性的特征,而无须手动设计特征。这大大提高了计算机视觉系统的性能和准确率,使得计算机视觉技术在现实世界中的应用更加广泛。

未来,随着人工智能和计算机视觉技术的不断进步,计算机视觉相关技术将在越来越多的领域发挥重要作用,为人类生活和工作带来更多的便利和创新。

6.1.2　计算机视觉技术分类

计算机视觉技术涵盖了许多不同的技术和方法,主要包括目标检测、语义分割、图像生成、行人重识别、目标跟踪等,下面将一一介绍这些相关方法和技术。

目标检测(Object Detection)是指利用计算机视觉技术,对图像或视频进行分析和处理,从中识别出特定的目标物体,并对其进行定位和分类。目标检测的主要步骤包括图像预处理、特征提取、目标定位和分类。在图像预处理阶段,通常会对图像进行去噪、增强、边缘检测等操作,以提高后续处理的准确性。在特征提取阶段,通常会使用各种特征描述符来描述目标物体的特征。然后通过目标定位和分类算法,对图像中的目标进行定位和识别。目前,深度学习技术在目标检测领域取得了很大的突破,特别是基于卷积神经网络的目标检测算法,如 Faster R-CNN、YOLO、SSD 等,大大提高了目标检测的准确性和效率。

语义分割(Semantic Segmentation)是一种计算机视觉技术,旨在将图像分割成具有语义信息的区域或像素。这种技术可以识别图像中不同物体或区域的边界,并将它们分割开来,以便进行更精确的分析和理解。在语义分割中,通常采用深度学习的方法,尤其是卷积神经网络和编码器-解码器结构。卷积神经网络用于提取图像特征,而编码器-解码器结构用于将特征映射到目标类别上。语义分割应用领域非常广泛,包括自动驾驶车辆、医学影像分析、图像编辑和增强现实等。

图像生成是计算机视觉领域的一个重要任务,它旨在根据给定的条件或数据生成新的图像。图像生成的方法可以分为两类:基于规则的方法和基于深度学习的方法。基于规则的方法通常使用图形学技术和先验知识来生成图像,而基于深度学习的方法则利用神经网络和大量数据来学习生成图像的规律和模式。在图像生成领域,通常采用深度学习的方法,尤其是生成对抗网络(Generative Adversarial Network,GAN)。生成对抗网络是一种深度学习模型,由生成器网络和判别器网络组成。生成器试图生成逼真的图像,而判别器则试图区分真实图像和生成器生成的虚假图像。这两个网络相互对抗,生成器不断改进以欺骗判别器,而判别器则不断学习以更好地区分真实和生成的图像。通过这种对抗训练,生成对抗网络可以生成逼真的图像,这使得它在图像生成、风格迁移、图像修复等任务上表现出色。

行人重识别(Person Re-identification)也称行人再识别,是利用计算机视觉技术判断图像或者视频序列中是否存在特定行人的技术。它是智能视频监控、智能安防等领域中的重要任务,也是计算机视觉领域中的热门课题。行人重识别的研究目的是弥补固定的摄像头的视觉局限,并与行人检测、行人跟踪技术相结合。不同摄像设备之间的规格差异,同时行人外观易受穿着、尺度、遮挡、姿态和视角等影响,使得行人重识别成为计算机视觉领域中一个既具有研究价值同时又极具挑战性的热门课题。行人重识别的研究方法通常包括基于特征提取的方法、基于深度学习的方法、基于度量学习的方法等。其中,基于特征提取的方法通常提取行人的外观特征,如颜色、纹理、形状等,并使用这些特征进行行人重识别。基于深度学习的方法通常使用卷积神经网络来学习行人的深层特征,并使用这些特征进行行人重识别。基于度量学习的方法则通过学习行人的距离度量来比较行人的特征,并使用这些特征进行行人重识别。

目标跟踪(Object Tracking)是指在视频序列中跟踪目标对象的位置、运动和其他属性的过程。这项技术在计算机视觉和图像处理中扮演着重要角色,具有广泛的应用,包括视频监控、自动驾驶、虚拟现实等领域。目标跟踪的方法通常包括目标检测、运动估计和目标追踪。目标检测用于识别视频帧中的目标对象,运动估计用于估计目标对象的运动轨迹,而目标追踪则是在视频序列中连续跟踪目标对象的过程。近年来,深度学习技术的发展为目标跟踪提供了新的方法和工具,如基于卷积神经网络的目标检测和跟踪方法,以及利用循环神经网络进行视频序列建模和预测的技术。这些方法使得目标跟踪在复杂场景和动态环境下取得了更好的效果。

6.1.3 面临的问题及挑战

尽管计算机视觉技术在近几年的发展比较迅猛,但是计算机视觉技术也面临着一些困难与挑战,其主要包括以下几点:

1.复杂的环境

计算机视觉相关技术最终要落地到实际应用中,就需要在各种复杂的现实环境中进行识别和分析,如光线不足、阴影、模糊、遮挡等情况,这些都会影响计算机视觉系统的准确性和稳定性。

2.物体识别

对于复杂的物体识别和分类任务,计算机视觉系统需要具备较强的智能和学习能力,能够识别不同角度、尺寸、颜色、材质等多样化的物体。

3.实时性要求

在一些应用场景中,计算机视觉系统需要具备快速的实时处理能力,要求能够在几乎无延迟的情况下完成图像识别和分析任务。

4.大规模数据处理

计算机视觉系统需要处理大规模的图像或视频数据,这就需要具备高效的算法和计算能力,以及良好的存储和管理机制。

5.隐私和安全问题

在一些应用场景中,计算机视觉系统需要处理涉及个人隐私和安全的图像或视频数据,需要具备较高的安全性和隐私保护能力。

6.跨领域融合

计算机视觉技术需要与其他领域的技术进行融合才能最大程度地发挥其作

用,如建筑行业、医疗领域、生物农业等,计算机视觉技术赋能各个领域,才能实现更加智能和多功能的应用系统。

6.2　相关基础理论和知识

6.2.1　梯度下降算法

梯度下降算法是深度学习中一种常用的优化算法,用于最小化一个函数的值,如图 6-1 所示。它的基本思想是通过不断迭代,沿着函数梯度的反方向更新参数,直到达到函数的最小值。

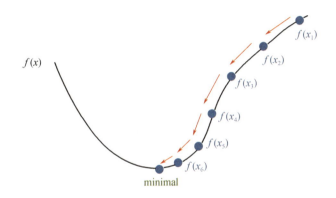

图 6-1　梯度下降算法求解过程

梯度下降算法的目的就是要找到一个函数的最小值,其求解过程如下:

(1)首先需要初始化参数的数值,可以随机初始化或者使用一些预先设定好的值。

(2)接下来需要计算目标函数对参数的梯度,即目标函数在当前参数值处的斜率,当前位置的斜率通过求偏导数来实现。

(3)根据梯度的方向和大小,更新参数的数值。这个更新数值可以使用不同的学习率来控制每次迭代的步长,为了加快梯度下降的速度,往往在梯度下降中使用动态学习率,在计算的前期设置一个较大的学习率以增加梯度下降的速度,在计算后期为了准确计算出最小值,往往会设置一个相对小的学习率。

（4）一直重复梯度下降的过程，直到满足停止条件。常见的停止条件包括达到最大迭代次数、梯度的大小小于某个阈值等。

梯度下降算法有多种演化版本，包括批量梯度下降、随机梯度下降和小批量梯度下降。批量梯度下降在每次迭代中都使用全部数据来计算梯度，因此计算量大。随机梯度下降在每次迭代中只使用一个样本来计算梯度，计算速度快但不稳定。而小批量梯度下降则是在每次迭代中使用一小部分数据来计算梯度，综合了批量和随机梯度下降的优点。

6.2.2 激活函数

激活函数是神经网络中的一种非线性函数，它用来给神经元的输出加入非线性特性。常见的激活函数包括 Sigmoid 函数、ReLU 函数、tanh 函数等。这些函数可以将神经元的输入映射到一个非线性的输出，从而增加神经网络的表达能力和学习能力。激活函数在神经网络中起着非常重要的作用，它可以帮助神经网络学习复杂的非线性关系，提高神经网络模型的效果和性能。

Sigmoid 函数是一个在神经网络中常用的激活函数，可以将任意范围的输入映射到 0 到 1 之间，它的函数表达式如下：

$$f(x) = \frac{1}{1 + e^{-x}}$$

如图 6-2 所示，该函数的输出范围在 0 到 1 之间，因此可以用来表示概率。函数形状类似于一个 S 形曲线，可以看作是对输入进行了一次非线性变换，导数在 0 附近变化较大，而在 1 附近变化较小，这有助于神经网络的学习。

ReLU(Rectified Linear Unit)函数也是一种常用的神经网络激活函数。它的函数表达式如下：

$$f(x) = \max(0, 1)$$

如图 6-3 所示，这个函数在 x 小于 0 时返回 0，当 x 大于或等于 0 时返回 x 本身。因此，ReLU 函数可以被视为一个分段线性函数，其斜率在 x 小于 0 时为 0，在 x 大于或等于 0 时为 1。

ReLU 函数相比于其他激活函数，其计算速度更快，因为它只涉及简单的最大值运算。ReLU 函数在其定义域内是可微的，这意味着可以使用梯度下降等优化

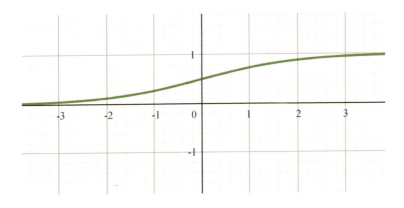

图 6-2　Sigmoid 函数曲线

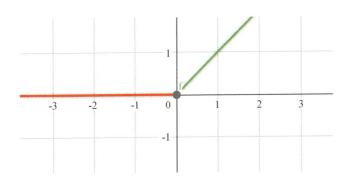

图 6-3　ReLU 函数曲线

算法来训练神经网络。当输入值小于 0 时,ReLU 函数的输出为 0,这使得神经网络的权重更新主要集中在激活值大于 0 的节点,提高了模型的稀疏性和泛化能力。然而,ReLU 函数也存在一些不足,例如在输入值小于 0 时,梯度为 0,这可能会导致在训练过程中丢失一部分信息。此外,ReLU 函数的非线性不够强,对于一些复杂的任务可能需要更多的神经元和更深的网络结构。

tanh 函数是双曲正切函数,在数学中用于描述双曲线的特性。其函数表达式如下:

$$f(x) = \frac{e^x - e^{-x}}{e^x + e^{-x}}$$

如图 6-4 所示，tanh 函数的输出值范围在 -1 到 1 之间，当输入趋向正无穷或负无穷时，tanh 函数的输出趋于 1 或 -1，呈现出饱和的特点。

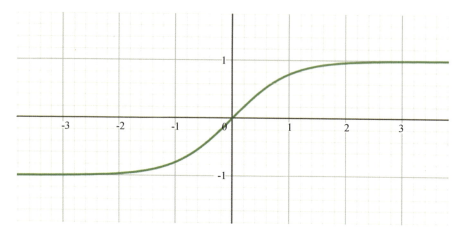

图 6-4　tanh 函数曲线

tanh 函数具有 S 形曲线，类似于 Sigmoid 函数，但其输出范围更广，可以将输入值映射到更大的范围内。在神经网络中，tanh 函数常用于隐藏层的激活函数，可以帮助神经网络学习非线性关系。

6.2.3　损失函数

在机器学习中，损失函数（Loss Function）是用来评估模型预测结果与真实标签之间差距的函数。它是机器学习模型优化的关键组成部分，因为通过最小化损失函数来调整模型参数，使得模型能够更好地拟合训练数据并提高泛化能力。常见的损失函数包括均方误差（Mean Squared Error，MSE）、交叉熵损失函数（Cross Entropy Loss）、Hinge 损失函数等，不同的损失函数适用于不同的问题和模型。

均方误差是一种用于衡量模型预测结果与实际观测值之间差异的统计量。它计算了预测值与实际值之间的平方差的平均值，通常用于评估回归模型的预测准确度。MSE 越小，表示模型的预测结果与实际观测值之间的差异越小，模型的拟合效果越好。MSE 的计算公式为：

$$MSE = \frac{1}{n} \cdot \sum_{i=1}^{i=n} (y_i - \hat{y}_i)$$

其中,y_i是真实标签,$\hat{y}_i$是模型的预测值,n是样本数量。通过最小化均方误差,可以使得模型更好地拟合训练数据。

交叉熵损失函数通常用于分类问题中,它衡量了模型输出的概率分布与真实标签的差异性,是一种用于衡量分类问题中预测结果与真实结果之间差异的指标。在二分类问题中,交叉熵损失函数可以表示为:

$$L = -\left[y\log\hat{y} + (1-t)\log(1-\hat{y}) \right]$$

其中,y_i是真实标签,$\hat{y}_i$是模型对每个类别的预测概率。通过最小化交叉熵损失,可以使得模型更好地区分不同类别。

Hinge 损失函数通常用于支持向量机(SVM)中,它适用于二分类问题。它衡量模型对正负样本之间的间隔与真实标签之间的关系。其数学表达式为:

$$H = \max(0, 1 - y\hat{y})$$

其中,y_i是真实标签,$\hat{y}_i$是模型对每个类别的预测概率。通过最小化 Hinge 损失,可以使得模型更好地找到最大间隔超平面。Hinge 损失函数的特点是在模型预测正确时损失为 0,而在模型预测错误时损失随着预测分数的偏离程度逐渐增加。这使得模型在训练过程中更加关注于那些离决策边界较近的样本,从而提高了模型的鲁棒性和泛化能力。因此,Hinge 损失函数在支持向量机等分类任务中被广泛应用

除了上述常见的损失函数外,还有许多其他类型的损失函数,如平均绝对误差损失函数、Huber 损失函数等,它们适用于不同的问题和模型。选择合适的损失函数对于模型的训练和性能至关重要。

6.2.4 卷积神经网络

卷积神经网络是一种深度学习神经网络,主要用于处理图像识别和计算机视觉任务。卷积神经网络的核心是卷积层,它可以有效地提取输入图像的特征。一个基本的神经网络由输入层、隐藏层、输出层组成,与普通的神经网络不同,卷积神经网络由卷积层、池化层和全连接层组成。在网络的训练中,给定输入的一张特征图片,通过与过滤器进行卷积处理,然后经过一个池化层进一步缩小提取的特征图,最后经过全连接层对图像进行预测。

卷积层是卷积神经网络中最重要的一层,对于给定的输入图片,长和宽分别

用 H 和 W 代表，C 为图像的通道数量，对于彩色图像则有 3 个通道数，那么这张输入图片就可以表示为 $C×H×W$。在进行计算时，会卷积一个大小为 $N×N$ 的卷积核，然后 2 个矩阵进行卷积操作，得到一个新的矩阵（如图 6-5 所示）。

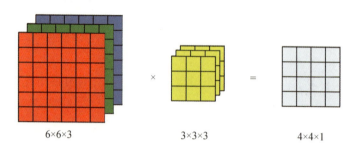

$6×6×3$ $3×3×3$ $4×4×1$

图 6-5　卷积操作示意图

确定了图片和卷积核的大小以及步长和填充，输出矩阵也随之确定。卷积核也叫作滤波器，也称为感受野，用来提取图像不同尺度的特征。步长则为卷积操作的移动步数，如果步长为 1，滤波器将会逐个与图像中的每个像素进行卷积计算。经过几次卷积操作后，图片会变得非常小，并且边缘的像素在进行卷积操作时会丢失掉一部分信息。为了解决这一问题，往往在图片的边缘填充像素来保留较多的边缘信息。输出矩阵大小的计算公式如下：

$$size = \frac{n + 2p - f}{s} + 1$$

其中，n 为输入矩阵的大小，p 为填充像素，f 为卷积核的大小，则 s 为步长。

除了卷积层外，为了提高模型计算速度，卷积网络通常会使用池化操作来降低特征图的尺寸。目前，常用的两种池化的方法为最大池化和平均池化，最大池化的方法为挑选出该区域的最大值作为输出值，该最大值可能就为提取到的某个特征。而平均池化的方法为将该区域的所有值进行平均化作为输出值，两个计算方法如图 6-6 所示。

由于卷积神经网络中每层的表示都是线性函数，极大地限制了网络的表达能力，于是加入激活函数来解决这一问题，这样神经网络就具有表示非线性函数的能力，经常用到的激活函数有 Sigmoid 激活函数、ReLU 激活函数、tanh 激活函数。

卷积神经网络在图像识别、目标检测、语义分割等领域取得了很大的成功，成

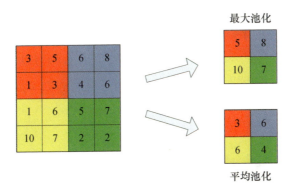

图 6-6　最大池化和平均池化操作

为了深度学习领域的重要技术之一。它的应用范围也在不断扩大,例如在自动驾驶、医学影像分析、自然语言处理等领域都有着广泛的应用。

6.3　计算机视觉实例:安全帽检测与识别实验

6.3.1　算法简介

目标检测是指利用计算机视觉技术和机器学习算法来识别图像或视频中的特定目标物体,并确定其在图像中的位置和边界框。目标检测通常包括目标物体的分类和定位,可以应用于许多领域,如自动驾驶、安防监控、医学影像分析等。常见的目标检测算法包括基于深度学习的卷积神经网络(CNN)和循环神经网络(RNN)等。

计算机视觉中关于图像识别的任务主要可以分为分类、定位、检测和分割。如图 6-7 所示,图像分类是将图像结构化为某一类别的信息,用事先确定好的类别或实例 ID 来描述图片。定位这个任务关注的是在图像中找出特定物体并确定它们的位置。换句话说,它需要在对象的附近画出一个框,确定该对象所处的位置。目标检测是分类和定位的结合。它不仅要回答图片里面有什么,还要分别指出这些物体在哪里。相比分类,检测给出的是对图片前景和背景的理解,我们需要从背景中分离出感兴趣的目标,并确定这一目标的描述(类别和位置),因此检测模型的输出是一个列表,列表的每一项使用一个数组给出检出目标的类别和位置(常用矩形检测框的坐标表示)。图像分割这个任务将图像中的每一个像素点分配到特定的类别中,而不仅仅是画出矩形框。语义分割可以区分到图中每一个像素点,而不仅仅是框住物体。实例分割是目标检测和语义分割的结合,可以精确到物体的边缘。

分类	分类+定位	目标检测	实例分割
猫	猫	猫, 狗, 鸭	猫, 狗, 鸭

图 6-7　分类任务示例

目标检测是一个旨在识别图像或视频中特定对象的任务,通常涉及将图像或视频中的对象分割出来并对其进行分类。在目标检测中,算法需要识别图像中的目标,并确定其位置和边界框,以便对其进行分类。因此,目标检测可以被视为一个分类任务,其中算法需要对图像中的不同目标进行分类并确定它们的位置。

在目标检测中,算法可以分为两大类,一步走(One-Stage)和两步走(Two-Stage)。一步走是指在单个卷积神经网络中直接进行目标检测,而不需要额外的候选框生成步骤。这种方法通常使用多层卷积和池化层来同时预测目标的位置和类别,例如 SSD 和 YOLO。两步走是指将目标检测分为两个步骤:首先生成候选框,然后对每个候选框进行目标分类和定位。这种方法通常使用候选框生成器来提取候选框,然后使用另一个 CNN 来对每个候选框进行目标检测,例如 Faster R-CNN。

一步走和两步走各有其优缺点,选择哪种算法取决于具体的应用场景和需求。一步走算法通常速度较快,但精度可能不如两步走算法高,而两步走算法则通常具有更高的精度,但速度可能较慢。

6.3.2　安全帽检测与识别总体设计

本次实验采用 YOLOv5 作为主干网络。YOLOv5 是一种实时目标检测算法,是 YOLO(You Only Look Once)系列的版本。它采用了一种轻量级的神经网络结构,它能够在保持高精度的同时实现较快的推理速度,适用于各种目标检测任务。该算法由 Ultralytics 团队开发,已经在计算机视觉领域取得了广泛的应用。

对于目标检测算法而言,通常可以将其划分为 4 个通用的模块,具体包括输入端、基准网络、Neck 网络与 Head 输出端。输入端这个模块负责接收输入图像,并对其进行预处理,通常包括图像的缩放、归一化、裁剪等操作,以便将其送入基准网络进行处理。基准网络也称为骨干网络,这个模块负责对输入图像进行特征提取和抽象表示,通常采用一些经典的卷积神经网络(CNN)结构,如 ResNet、VGG等,以提取图像的高级特征。Neck 网络这个模块负责对基准网络提取的特征进行进一步处理和融合,以提高目标检测的性能,常见的操作包括特征金字塔构建、多尺度特征融合等。Head 输出端这个模块负责对 Neck 网络输出的特征进行目标检测和定位,通常包括分类和回归,用于预测图像中的目标类别和位置信息。这 4个模块共同构成了目标检测算法的基本框架,通过不同模块的协同作用,可以实现对输入图像中目标的有效检测和定位。

为了训练检测模型,需要大量的建筑工人数据集,本次实验将采用网络开源的工地安防数据集,采用 300 张标注图片作为训练集和验证集。首先构建数据集目录结构,目录结构如图 6-8 所示,接着对数据集进行标注,然后划分训练集和验证集。在开始训练模型之前,需要提前修改相关的配置文件。

图 6-8　数据集文件目录结构

接着进行数据集的划分,在 JPEGImages 文件目录下存放所有的训练和测试图像,在 Annotations 目录下存放所有的.xml 标记文件。训练前,需要将训练集和验证集的加载路径、标注的类别数、标签类别名称进行配置。

实验推荐配置环境如图 6-9 所示,在环境配置中,需要注意的是 python 和 torchvision 版本需对应,否则程序会报错。此外,图 6-9 给出的环境配置并不是唯一的,需要根据实际的实验环境进行动态的调整,以确保训练文件能够正常运行。

```
matplotlib>=3.2.2
numpy>=1.18.5
opencv-python>=4.1.2
Pillow
PyYAML>=5.3.1
scipy>=1.4.1
torch>=1.7.0
torchvision>=0.8.1
tqdm>=4.41.0
tensorboard>=2.4.1
seaborn>=0.11.0
pandas
thop  # FLOPs computation
pybaseutils
```

图 6-9   实验环境推荐

环境搭建完成后,我们开始进行模型的训练,模型的训练需要一定的时间。为了使训练过程更加直观,可以在训练过程中打印一些迭代信息,模型训练完成后,打印出模型基本的结果。如图 6-10 所示,这里模型分为 7 个类别,每个颜色类别分别代表不同颜色的安全帽。此外,增加了工人的类别,以便更好地识别工人是否佩戴安全帽。

Class	Images	Labels	P	R	mAP@.5	mAP@.5:.95:
all	143	399	0.000649	0.0121	0.000345	8.72e-05
red	143	59	0.00287	0.0508	0.000726	0.00017
yellow	143	145	0.000581	0.0069	0.00105	0.000195
blue	143	37	0.00109	0.027	0.00044	0.000206
white	143	69	0	0	0	0
orange	143	30	0	0	0.000114	2.29e-05
black	143	3	0	0	0	0

图 6-10   实验打印结果

接着我们对训练好的模型进行测试,运行测试文件,其结果将保存到指定目录下,检测结果如图 6-11 所示。从检测结果可以看出,当前训练好的模型精度相对较好,能够精准地识别出安全帽位置。

图 6-11 模型检测结果

6.3.3 数据定义及划分

这一部分的代码主要是模型训练前的前期准备工作,对应 prepare_data.py 文件,主要工作包括类别的定义、训练集测试集比例的划分、文件的存储路径等。本次实验将识别的目标类别分为 7 个,其中 6 个类别对应安全帽的颜色,1 个类别为工人,类别定义代码如图 6-12 所示。

```
classes=['red','yellow','blue','white','orange','black','person']
TRAIN_RATIO = 80
```

图 6-12 类别定义和比例定义

按一定比例划分为训练集和测试集,这种方法也称为保留法。通常取 8-2、7-3、6-4、5-5 比例切分,直接将数据随机划分为训练集和测试集,然后使用训练集来生成模型,再用测试集来测试模型的正确率和误差,以验证模型的有效性。这种方法常见于决策树、朴素贝叶斯分类器、线性回归和逻辑回归等任务中,本次实验采用 8-2 的比例来划分,将 TRAIN_RATIO 设置为 80,数据计划分代码如图 6-13 所示。

对于图片的划分,首先生成一个随机整数,范围在 1 到 100 之间。这个随机数代表一个概率,用于决定图片应该被分到哪个数据集(训练集或测试集)。然后,

```
prob = random.randint( a: 1, b: 100)
print("Probability: %d" % prob)

if(prob < TRAIN_RATIO):
    if os.path.exists(annotation_path):
        train_file.write(image_path + '\n')
        convert_annotation(nameWithoutExtention)
        copyfile(image_path, yolov5_images_train_dir + voc_path)
        copyfile(label_path, yolov5_labels_train_dir + label_name)
else:
    if os.path.exists(annotation_path):
        test_file.write(image_path + '\n')
        convert_annotation(nameWithoutExtention)
        copyfile(image_path, yolov5_images_test_dir + voc_path)
        copyfile(label_path, yolov5_labels_test_dir + label_name)
```

图 6-13 训练集和验证集的划分

判断随机生成的概率是否小于一个预设的训练集比例。如果是,图片将被添加到训练集中,如果不是的话,将图片添加到测试集中。

6.3.4 模型的训练

训练部分的代码对应于 train.py 文件,这一部分主要是对模型训练过程中的一些参数进行优化及设置。对于深度学习模型训练中权重优化的部分,根据模型和批量大小来配置优化器,并根据不同的参数组来设置优化器的参数。这是深度学习模型训练中常见的做法,用于确保模型在训练过程中能够有效地更新其权重,具体代码如图 6-14 所示。

接下来处理预训练的模型权重,并根据检查点中的数据确定开始训练的轮数,同时确保总训练轮数不超过开始训练的轮数,并可能进行额外的微调。具体代码如图 6-15 所示,该段代码从检查点中获取当前模型训练到的轮数(epoch),并将其加 1 作为开始训练的轮数,这是因为检查点中的轮数可能表示模型的某个训练阶段,例如预训练阶段或微调阶段。接下来判断是否恢复训练,如果 start_epoch 不大于 0,则抛出一个断言错误,表示模型已经完全训练完毕,没有更多的训练轮数可以恢复。

```
nbs = 64  # nominal batch size
accumulate = max(round(nbs / batch_size), 1)  # accumulate loss before optimizing
hyp['weight_decay'] *= batch_size * accumulate / nbs  # scale weight_decay
LOGGER.info(f"Scaled weight_decay = {hyp['weight_decay']}")

g0, g1, g2 = [], [], []  # optimizer parameter groups
for v in model.modules():
    if hasattr(v, 'bias') and isinstance(v.bias, nn.Parameter):  # bias
        g2.append(v.bias)
    if isinstance(v, nn.BatchNorm2d):  # weight (no decay)
        g0.append(v.weight)
    elif hasattr(v, 'weight') and isinstance(v.weight, nn.Parameter):  # weight (with decay)
        g1.append(v.weight)

if opt.adam:
    optimizer = Adam(g0, lr=hyp['lr0'], betas=(hyp['momentum'], 0.999))  # adjust beta1 to momentum
else:
    optimizer = SGD(g0, lr=hyp['lr0'], momentum=hyp['momentum'], nesterov=True)

optimizer.add_param_group({'params': g1, 'weight_decay': hyp['weight_decay']})  # add g1 with weight_decay
optimizer.add_param_group({'params': g2})  # add g2 (biases)
LOGGER.info(f"{colorstr('optimizer:')} {type(optimizer).__name__} with parameter groups "
            f"{len(g0)} weight, {len(g1)} weight (no decay), {len(g2)} bias")
del g0, g1, g2
```

图 6-14　训练中权重的优化

```
start_epoch = ckpt['epoch'] + 1
if resume:
    assert start_epoch > 0, f'{weights} training to {epochs} epochs is finished, nothing to resume.'
if epochs < start_epoch:
    LOGGER.info(f"{weights} has been trained for {ckpt['epoch']} epochs. Fine-tuning for {epochs} more epochs.")
    epochs += ckpt['epoch']  # finetune additional epochs
```

图 6-15　训练状态判定

接着就是模型的训练,对模型进行多次 epoch 的训练。循环从 start_epoch 开始,到 epochs 结束。每个循环代表一个完整的训练周期,其中模型会遍历整个训练数据集一次。在这个循环中,模型被设置为训练模式,并执行一系列操作,如前向传播、计算损失、反向传播和参数更新等。具体设置如图 6-16 所示。

```
t0 = time.time()
nw = max(round(hyp['warmup_epochs'] * nb), 1000)
last_opt_step = -1
maps = np.zeros(nc)  # mAP per class
results = (0, 0, 0, 0, 0, 0, 0)  # P, R, mAP@.5, mAP@.5-.95, val_loss(box, obj, cls)
scheduler.last_epoch = start_epoch - 1  # do not move
scaler = amp.GradScaler(enabled=cuda)
stopper = EarlyStopping(patience=opt.patience)
compute_loss = ComputeLoss(model)  # init loss class
LOGGER.info(f'Image sizes {imgsz} train, {imgsz} val\n'
            f'Using {train_loader.num_workers} dataloader workers\n'
            f"Logging results to {colorstr('input' 'bold', save_dir)}\n"
            f'Starting training for {epochs} epochs...')
for epoch in range(start_epoch, epochs):  # epoch ----------------------------------
    model.train()
```

图 6-16 模型的训练

模型训练结束后,会打印出每个标签的数目、类别以及训练完成以后模型权重的存放路径。

6.3.5 模型验证及预测

最后,要对要侦测的图像进行识别,这部分的代码对应于 detect.py 文件。首先需要处理检测到的目标框和类别信息,具体来说,它对一组检测到的目标进行后处理,并用于在图像上绘制这些目标框。具体的实现如图 6-17 所示,循环部分用来遍历每个检测到的目标的类别标签。

```
if len(det):
    # Rescale boxes from img_size to im0 size
    det[:, :4] = scale_coords(img.shape[2:], det[:, :4], im0.shape).round()

    # Print results
    for c in det[:, -1].unique():
        n = (det[:, -1] == c).sum()  # detections per class
        s += f"{n} {names[int(c)]}{'s' * (n > 1)}, "  # add to string
```

图 6-17 目标框检测

接下来要处理目标检测的结果,具体是对一组检测到的目标框(bounding

boxe)进行处理,并将处理结果在图像上进行可视化。通过遍历检测到的目标框,判断是否需要在图像上显示检测到的目标框。

此外,还需要定义标签的显示格式,如果 hide_labels 为真,则不显示标签,如果 hide_conf 为真,只显示类别名称,否则显示类别名称和置信度。具体功能示例如图 6-18,如果图像识别成功,则在图像上显示目标框和标签以及预测的结果。

```
for *xyxy, conf, cls in reversed(det):
    if save_txt:  # Write to file
        xywh = (xyxy2xywh(torch.tensor(xyxy).view(*shape: 1, 4)) / gn).view(-1).tolist()
        line = (cls, *xywh, conf) if save_conf else (cls, *xywh)  # label format
        with open(txt_path + '.txt', 'a') as f:
            f.write(('%g ' * len(line)).rstrip() % line + '\n')

    if save_img or save_crop or view_img:  # Add bbox to image
        c = int(cls)  # integer class
        label = None if hide_labels else (names[c] if hide_conf else f'{names[c]} {conf:.2f}')
        annotator.box_label(xyxy, label, color=colors(c, True))
        if save_crop:
            save_one_box(xyxy, imc, file=save_dir / 'crops' / names[c] / f'{p.stem}.jpg', BGR=True)
```

图 6-18 结果输出

6.3.6 实验小结

本次实验基于 YOLOv5 来进行工人安全帽的检测,在实验开始之前,需要准备一些工人数据集,如果数据集未标注,需要手动去标注安全帽位置,并生成一些标注文件。接着需要配置相应的实验环境和一些函数库,环境配置好后根据预先设定参数对模型进行训练,直到模型准确度达到一定的阈值。

6.4 总结与展望

计算机视觉是一门涉及图像处理、模式识别和机器学习等多个领域的交叉学科,它的发展已经取得了巨大的进展,并且对于未来的发展也充满了无限的可能性。计算机视觉领域在图像识别、目标检测、图像生成等方面取得了显著的进展,深度学习技术的发展使得计算机视觉系统的性能得到了大幅提升。计算机视觉技术已经广泛应用于人脸识别、智能监控、自动驾驶、医学影像分析等领域,为人们的生活和工作带来了便利和改变。

计算机视觉在复杂场景下的目标检测、图像生成的真实感、模型的鲁棒性等方面仍然存在挑战和问题,需要进一步研究和探索。未来计算机视觉系统将更多地融合多模态信息,例如图像、语音、文本等,以实现更加智能化的感知和理解能力。此外,非监督学习技术的发展将带来更多的自主学习和自组织能力,使得计算机视觉系统在未知环境下的适应能力得到提升。

参 考 文 献

[1]张婷婷,陈云云.基于机器学习的网络安全态势感知关键技术研究[J].网络安全技术与应用,2024(01):20-22.

[2]吴坚,曾志全,张亚鹏,等.基于循环神经网络的盾构姿态及掘进参数预测[J].浙江工业大学学报,2023,51(06):663-670.

[3]赵文博,马紫彤,杨哲.基于超图神经网络的恶意流量分类模型[J].网络与信息安全学报,2023,9(05):166-177.

[4]陈文超,方博为,代良,等.基于堆叠式对抗变分循环神经网络的多维时间序列异常检测[J].中国科学:信息科学,2023,53(09):1750-1767.

[5]梁楠,王成喜,张春飞,等.基于 Python 的多维度、层次化的综合实验平台[J].吉林大学学报(信息科学版),2023,41(05):858-865.

[6]余飞扬,杨衡杰.基于 Python 的数据分析软件设计与实现[J].现代计算机,2023,29(12):99-103.

[7]吴敏.Python 在大数据分析中的应用及其挑战研究[C]//山西省中大教育研究院.第七届创新教育学术会议论文集.太原:山西省中大教育研究院,2023:2.

[8]魏元焜,吴丹阳.基于机器学习的信号扰动自动识别系统[J].承德石油高等专科学校学报,2023,25(01):51-54+71.

[9]何小年,段凤华.基于 Python 的线性回归案例分析[J].微型电脑应用,2022,38(11):35-37.

[10]余金.Python 语言在数据分析处理中的应用[J].电脑编程技巧与维护,2022(06):18-20.

[11]郑学远.基于 YOLOv3 优化算法的城市道路行人检测[J].科学技术创新,2023(19):77-80.

[12]郑凯阳,伍鹏.面向密集行人检测改进 YOLOX-S 算法[J].信息技术与信息

化,2023(05):132-135.

[13] 李顾,王娇,邓耀辉.基于遮挡感知的行人检测与跟踪算法[J].传感器与微系统,2023,42(04):126-130.

[14] 师后勤,谢辉,张梦钰,等.一种基于注意力机制的低光照下行人检测算法[J].物联网技术,2023,13(02):27-29+32.006

[15] 车启谣,严运兵.基于改进 YOLOv3 的行人检测研究[J].智能计算机与应用,2022,12(08):8-13.

[16] 邓佳桐,程志江,叶浩劼.改进 YOLOv3 的多模态融合行人检测算法[J].中国测试,2022,48(05):108-115.

[17] 刘鹏飞,李伟彤.基于时空自适应图卷积网络的跌倒检测算法[J].电子测量技术,2023,46(03):150-156.

[18] 邓颖,吴华瑞,孙想.基于机器视觉和穿戴式设备感知的村镇老年人跌倒监测方法[J].西南大学学报(自然科学版),2021,43(11):186-194.

[19] 王嘉诚.基于深度学习的疲劳驾驶检测算法研究[J].专用汽车,2023(12):95-99.

[20] 许龙铭.基于改进 PERCLOS 的疲劳驾驶检测系统的设计[J].现代电子技术,2023,46(22):41-45.

[21] 韩刚涛,王昊,汪松,等.联合关键点数据增强和结构先验的遮挡人体姿态估计[J].计算机工程与应用,2024(20):254-261.

[22] 陈乔松,吴济良,蒋波,等.基于局部特征与全局表征耦合的 2D 人体姿态估计[J].计算机科学,2023,50(S2):169-173.

[23] 熊健然.一种机器视觉的人脸表情识别检测系统[J].电子制作,2021(04):39-40+38.

[24] 刘洲岐,王雷,刘聪,等.一种基于颜色模型的火灾识别系统[J].山东理工大学学报(自然科学版),2022,36(03):1-6.

[25] 郭明伟,刘国巍.一种室内火灾检测技术研究[J].绿色科技,2021,23(04):120-121+124.

[26] 方江平,万峰,傅琪,等.浅析机器视觉在消防技术中的应用[J].今日消防,2020,5(04):24-26.

［27］马红卫.基于机器视觉的工业机器人定位系统研究［J］.制造业自动化,2020,
　　42(03):58-62+97.

［28］杨三永,曾碧.基于机器视觉的目标定位与机器人规划系统研究［J］.计算机测
　　量与控制,2019,27(12):161-165.

［29］陈崇贤,李海薇,林晓玲,等.基于计算机视觉的夜间户外环境情绪感知特征
　　研究［J］.中国园林,2023,39(02):20-25.

［30］陈超,黄佳.基于深度学习的树莓派人脸与表情识别系统研究与设计［J］.网络
　　安全技术与应用,2019(12):50-52.